Stefan Kaduk Dirk Osmetz

RICHTIG WIDERSTEHEN

MURMANN

DER WEG ZUR STRAPAZIERFÄHIGEN ORGANISATION

Das Experimentierbuch für Musterbrecher

INHALT

EINLEITUNG

Dieses Buch ist ein leidenschaftliches Plädoyer für das Experimentieren. Wer unsere bisherigen Publikationen kennt, wird davon nicht überrascht sein. Mehr denn je sind wir überzeugt, dass die Organisations- und Managementwelt mehr von dem braucht, was eine zutiefst menschliche Grundeigenschaft ist. Schließlich hätte die menschliche Spezies ohne ständiges Ausprobieren, spielerisches Austesten, ohne das Sich-Einlassen auf Ergebnisoffenheit nie etwas Neues hervorgebracht. Vermutlich wäre sie sogar schon ausgestorben.

Organisationen wären gut beraten, den menschlichen Experimentiergeist nicht mit dem Argument der Effizienzsicherung einzudämmen. Gleichzeitig kann es nicht überraschen, dass Organisationen aller Art grundsätzlich experimentierfeindlich sind. In ihrem Bauplan und in ihrer Grundlogik sind keine Veränderungen vorgesehen. Seit dem Beginn der Industrialisierung ging es um das genaue Gegenteil: Berechenbarkeit, Stabilität, Starrheit, Reproduzierbarkeit. Organisationen sind die Antwort auf den Wunsch nach Effizienz und Beherrschbarkeit.

Jedenfalls bei Fragen der Führung, Zusammenarbeit und Organisation!

Mit dieser Idee ist es auch relativ lange gelungen, und es gelingt teilweise immer noch, geordnete Wohlstandszuwächse zu organisieren. Das Prinzip Organisation will keine Veränderung und erst recht keine Experimente, die immer noch den Ruf der Zweitligavariante eines durchgeplanten Prozesses haben. Diese Einsicht ruft zu Gelassenheit auf. Man sollte sich ein bisschen weniger aufregen über versandende Change-Initiativen, ignorierte Veränderungsappelle und das beachtliche Beharrungsvermögen von Mustern, die eigentlich alle für kontraproduktiv halten:

It's the organization, stupid!

Nun könnte man sich zurücklehnen und weitermachen, in der Manier von Waldorf und Statler aus der Muppets-Show auf dem Kritikerbalkon Platz nehmen und mit einer Portion Sarkasmus das Organisationsschauspiel über sich ergehen lassen. In vielen Fällen ist gegen diese »Strategie« nichts einzuwenden. Lassen

Sie uns dennoch über einen kleinen Umweg begründen, weshalb man dennoch nicht in Lethargie verfallen darf, sondern eher wie **Kermit den Sumpf der Frösche verlassen und Neues ausprobieren** sollte.

Inhaltswarnung: Mustergültige Klischees, volle Absicht.

Wir sind große Anhänger narrativer Interviews. Diese Methode setzen wir seit Beginn unseres Forschungsprojekts »Musterbrecher« an der Universität der Bundeswehr München im Jahr 2001 intensiv ein. Bis heute fanden knapp 2000 Gespräche statt – mit Führungskräften und Mitarbeitenden aus unterschiedlichen Organisationstypen, von Konzernen über den Mittelstand bis zu öffentlichen Unternehmen und Bildungseinrichtungen. Zum Vergleich: Hätten wir diese Interviews mit einer durchschnittlichen Dauer von 90 Minuten nahtlos aneinandergereiht, wären wir bereits ein komplettes Jahr beschäftigt gewesen.
In den Wirtschaftswissenschaften kommen narrative Interviews eher selten zum Einsatz, in anderen Sozialwissenschaften gehören sie zum Standardrepertoire. Dem Normalo-Betriebswirt ist ein offenes und unstandardisiertes Erhebungsverfahren suspekt, womöglich deshalb, weil es nicht dem klassischen Frage-Antwort-Schema folgt. Deshalb verlässt er sich lieber auf einen standardisierten Fragebogen. In der Annahme: Wer die richtigen Fragen stellt, erhält auch gewinnbringende Antworten.
Er vergisst oder ignoriert jedoch, dass nur Antworten auf jene Fragen gegeben werden können, die gestellt wurden. Narrative Interviews funktionieren anders. Hier wird idealerweise nur ein Themenimpuls vorgegeben und so wenig wie möglich in den Erzählfluss eingegriffen. Den Interviewten bleiben deshalb der Aufbau und die Strukturierung der Erzählung weitgehend selbst überlassen. Wie das Gespräch verläuft, ist offen, ebenso ist unklar, ob innerhalb eines Samples überhaupt von allen Befragten zu einem bestimmten Thema Aussagen getroffen werden. Der

aus unserer Sicht große Nutzen: Es lassen sich Einblicke in das handlungsleitende Sinn- und Orientierungssystem des Gesprächspartners gewinnen.

Der Blick hinter die Bühne erlaubt mit ein wenig Glück ein Sichtbarmachen der heimlichen Regisseure des Organisationsgeschehens und ihrer Muster.

Kein Wunder: Die Methode ist zwar voller neuer Erkenntnisse, aber aufwendig, die Auswertung sowieso undankbar und die Ergebnisse sind nicht selten schmerzhaft. Narrationen sind keine Arithmetik. Da hat es der Normalo-Betriebswirt mit den auf einer Skala ankreuzbaren Antworten einfacher. Er kann eindrucksvolle Grafiken aus den Mittelwerten bilden und womöglich mit der Erkenntnis aufwarten, dass 75,38 Prozent der Mitarbeitenden starke bis sehr starke Defizite in der Führungskultur diagnostizieren. Manche würden dem Vorgehen Effizienz attestieren und die gewonnene Erkenntnis sogar nützlich finden. Unsere Bewertung würde lauten: dramatisch unterkomplex. Aber das tut jetzt nichts zur Sache. Uns geht es nicht um Methodenkritik, sondern um etwas Grundsätzliches, das sich durch das gesamte Buch ziehen wird.

Die Strategie des Normalo-Betriebswirts huldigt der heiligen Kuh der Wirtschaftswissenschaften. Sie orientiert sich am Übermuster aller Managementmuster, das sich in allen gesellschaftlichen Bereichen breitmacht. Die Rede ist von der Effizienz.

Der Normalo-Betriebswirt will das Geschehen kontrollieren, gar keine Erzählungen zulassen, gleich zum Punkt kommen, keine Zeit verschwenden und schon gar nicht vom Gesprächsverlauf überrascht werden.

STRAPAZIERFÄHIG STATT EFFIZIENT

Diese bewusst holzschnittartige Gegenüberstellung zweier Erhebungsmethoden illustriert das Anliegen unseres Buches:

Wir sehen ein massives Problem in der gnadenlosen und gefährlichen Zuspitzung der ursprünglich guten Idee, ein wirtschaftliches Verhältnis von Mitteleinsatz und erreichtem Nutzen herzustellen. Aber es geht um die Dosis. Effizienz ist unerlässlich, aber Effizienzexzesse bedrohen die Strapazierfähigkeit von Organisationen, ja sogar deren Existenz.

Das Schlüsselwort in diesem Buch lautet: **Strapazierfähigkeit**. Wir werden im zweiten Kapitel ausführlich beschreiben, was wir genau damit meinen. Vorab sei gesagt, dass es um das Zusammendenken zweier gegensätzlicher Pole geht, nämlich um ein Sowohl-als-auch von Effizienz auf der einen Seite und Redundanz auf der anderen Seite. Einfach formuliert: **Das richtige Mischungsverhältnis macht strapazierfähig.**
Unsere Beobachtung ist, dass sich in der Organisationswelt das Pendel viel zu sehr auf der Effizienzseite verhakt hat. Und an dieser Stelle ist es nicht ratsam, auf die Strategie des entspannten Zuschauens zu setzen. Benötigt werden Menschen (ja, wir wissen, dass diese in der Systemtheorie nur als psychische Systeme und als Umwelt des sozialen Systems vorkommen, dazu später mehr), die sich gegen die Logik der Organisation

stellen und deren Beharrungskräfte im Sinne der Strapazierfähigkeit überwinden. Und das Mittel dazu ist, wir kommen zum Anfang zurück, das Experiment!

Im Gegensatz zu unseren Vorgängerpublikationen ist dieses Buch handlungsorientierter. Es gibt fortlaufend Empfehlungen und Impulse für den Einstieg in das Experimentieren. Ursprünglich wollten wir diesen How-to-do-Charakter stärker in den Vordergrund rücken. Doch während des Schreibens zeigte sich, dass dies angesichts der immer mitlaufenden Sowohl-als-auch-Denke fahrlässig wäre.

Die Grautöne der Strapazierfähigkeit sind zu bunt. Komplexität verträgt sich nicht mit einfachen Checklisten, smarten Templates und linearen Abläufen.

Insofern ging es uns in allen Kapiteln darum, zunächst das jeweilige Terrain mit allen Unschärfen und Widersprüchlichkeiten sauber zu vermessen. Häufig greifen wir dabei bewusst auf wissenschaftliche Ursprünge und auf Autorenklassiker zurück. Die Anregungen zum Experimentieren laufen stets in Form von Reflexionsimpulsen, Einladungen zu Gedankenspielen, positiv-irritierenden Statements oder auch konkreten Aufgaben mit. **Letztlich sind wir unserer Maxime »Garantiert rezeptbefreit!« treu geblieben, verfolgen aber dennoch den Anspruch, Pfade zum individuellen Experimentieren anzudeuten und auch deutlicher auszuleuchten.** Während des Schreibens hat sich im Austausch mit dem Verlag eine Art Running Gag entwickelt, der unser Ansinnen ganz gut beschreibt:

Wir bereiten alles sauber vor, müssen aber einer intelligenten Leserschaft nicht den Witz vom Witz erklären.

Eine vorletzte Bemerkung: Sie werden sich fragen, weshalb wir sechs Experimentierfelder vorschlagen – und warum es genau diese sind. Wir haben die Auswahl getroffen, nachdem wir unsere sämtlichen Interview- und Begleitungsprozesse der letzten 20 Jahre analysiert hatten. Die behandelten Experimentierfelder sind aufgrund unserer Forschungs- und Beratungsarbeit die prominentesten, wenn es um die übergeordnete Herausforderung der Strapazierfähigkeit geht. Sie werden merken, dass die Experimentierfelder mitunter auf verschiedenen Ebenen liegen. So widmen wir etwa dem Thema »Team« ein eigenes Kapitel, obwohl es sicherlich Gründe gäbe, es im Kapitel »Organisation« oder auch »Führung« zu behandeln. Der Zuschnitt bleibt daher subjektiv auf der Grundlage unserer eigenen Erfahrung – aber keineswegs beliebig.
Und zum Abschluss, bevor es losgeht: Wir sind nach langer Diskussion dabeigeblieben, **mit den weiblichen und männlichen Formen von Substantiven uneinheitlich** umzugehen. So wird, ohne dass irgendeine Absicht dahintersteht, in bunter Mischung von »Führungskräften«, »Managerinnen«, »Mitarbeitern« und auch »Mitarbeitenden«, »Vordenkern« und »Expertinnen« die Rede sein. In allen Fällen sind alle Geschlechter gemeint. Dieses Vorgehen scheint uns ein strapazierfähiger Kompromiss zu sein, der unserer (hoffentlich breiten) Leserschaft gegenüber Wertschätzung ausdrückt und zugleich für eine gewisse Leichtigkeit steht.

Taufkirchen bei München und Unterwössen im Chiemgau,

Dirk Osmetz und Stefan Kaduk

KAPITEL 1

DAS UNGLAUBLICHE LEBEN DER MUSTER

Warum Muster uns und unsere Unternehmen prägen und antreiben, selbst wenn wir vor einer weißen Wand stehen, und warum wir neue Erfahrungen und Experimentierfelder benötigen, um aus den Musterwelten auszubrechen, sogar dann, wenn wir das Tier in uns suchen müssen.

Ohne Muster keine Welt!

Die Welt ist! Die Welt ist weder gut noch schlecht, weder bunt noch eintönig, weder anstrengend noch erholsam, weder schwarz noch weiß, weder richtig noch falsch. Kontur und Inhalt gewinnt sie erst durch unsere Muster. Erst wenn wir die Welt an oder mit unseren Mustern messen, lässt sie sich in Kategorien einordnen.

DER MUSTERBEGRIFF IM LAUFE DER ZEIT

Ein Muster bezeichnete vor etwa 500 Jahren, als sich der Begriff aus dem Romanischen in die deutsche Sprache eingebürgert hatte, etwas Vorbildhaftes, ein Probestück, einen Gegenstand, den man zeigt, um Vertrauen zu erwecken. Zunächst bezeichnete das Muster unter Kaufleuten eine Referenz für die gehandelten Produkte. Ein Muster diente als Maßstab für die Quantität und Qualität, die man beim Erwerb größerer Stückzahlen erwarten durfte. Erst im weiteren Verlauf der letzten Jahrhunderte übertrug sich der Begriff auf Zeichnungen und Stickereien, beschrieb Ornamente und Formen auf Tapeten und Porzellan. Wir alle kennen heute die Tapetenbücher in Raumausstattergeschäften, in denen man sich ein Bild über die Muster machen kann. Doch zuvor musste das Muster erst einmal seinen Weg in den allgemeinen Sprachgebrauch finden und die Bedeutung von Dingen erhalten, die als Vorbild dienen und an denen man sich orientieren kann. Das Muster wurde schließlich zu einer Probe, die zur Erkennung des Wesens eines Dinges führt, wie es im Deutschen Wörterbuch von Jacob und Wilhelm Grimm nachzulesen ist.

Ein Muster dient der Erkennung des Wesens eines Dinges.

Muster machen die Welt klarer. Sie geben Orientierung und zeigen Relationen auf, meist bezogen auf das Wünschenswerte, Generelle, Normale, auf das Erwartbare und auf gängige Erwartungshaltungen. Unsere Sprache ist voll von Begriffen rund um Muster: vom mustergültig lernenden Musterschüler über das beispielhafte Ideal eines Musterhauses bis hin zur Musterung, in der Soldatenprofile mit dem Eignungsmuster abgeglichen werden.

Ohne Muster wäre die Welt ohne jegliche Ordnung, sie wäre dem dauerhaften unbestimmbaren Zufall überlassen. Ob etwas funktioniert oder nicht, würde durch kein Muster Bestätigung erfahren. Es gäbe keine Kontrastfolie, die ein Erkennen, Benennen und Unterscheiden zuließe. Entwicklung, Routine, Klarheit, Entscheidung – all das wäre nicht möglich oder könnte höchstens für einen kurzen Moment entstehen, um im nächsten Moment wieder vom Chaos des gänzlich Neuen verschluckt zu werden.

Somit ist alles, was Bestand hat, von Mustern geprägt.

»Erschiene eine Maus grundlegend in Größe, Form und Farbe verändert, sooft wir sie sähen, dann könnten wir sie gar nicht benennen.«

George Spencer-Brown

Er war Mathematiker, Ingenieur, Dichter, Songwriter und angeblich auch Weltrekordhalter im Segelfliegen. Bekannt durch sein Buch »Laws of Form«, das auch den Soziologen Niklas Luhmann stark beeinflusste.

DAS GANZE LEBEN EIN EINZIGES MUSTER

Wir werden ständig mit Informationen konfrontiert, die über unsere Sinne ins Gehirn geleitet werden. Auf diese müssen wir adäquat reagieren. Die meisten sind für uns neu. Jeder Baum, jeder Tisch, jedes Auto und jeder Mensch übermittelt im Zusammenspiel zwischen eigener Form und Bewegung mit dem ein- und ausfallenden Licht und den atmosphärischen Gegebenheiten andere Informationen als der Baum, der Tisch, das Auto oder der Mensch daneben. Bisweilen fällt das Sonnenlicht am Morgen anders auf die weiße Wand, und sie erscheint uns dann gar nicht mehr so weiß, wie wir sie gestern Abend noch im Schein der Zimmerlampe abgespeichert hatten. Und dennoch erkennen wir diese Wand als dieselbe weiße Wand. Diese Wahrnehmung geschieht in Bruchteilen von Sekunden und ist uns in der Regel absolut unbewusst. Muster ignorieren also »störende Details« und helfen, das große Ganze zu sehen sowie neue Erfahrungen in bekannte Schemata einzupassen. Sie sind Sortierungs- und Ordnungshelfer.

Wenn Sie zufällig vor einer weißen Wand stehen oder sitzen, dann betrachten Sie diese einmal ganz genau. Sehen Sie die Lichtreflexionen der Lampe oder des Tageslichts, sehen Sie die Schatten der Gegenstände im Raum, sehen Sie die Schrammen, die vielleicht beim letzten Möbelrücken entstanden …

Wie weiß ist Ihre Wand wirklich?

Sofern sie weiß ist oder jemals war …

Stellen Sie sich vor, wie dramatisch es wäre, wenn wir die weiße Wand nicht als bekannt wahrnehmen würden. Es würde ein großes Gefühl der Unsicherheit entstehen. Der Neurowissenschaftler und Künstler Beau Lotto sagt: »Jedes Gehirn hasst diese Unsicherheit wie die Pest – und das aus gutem Grund. Einen alten Reflex zu verändern, hat ungeahnte Konsequenzen, und etwas ›nicht zu wissen‹, ist aus evolutionärer Sicht keine gute Sache. In dem Moment, in dem unsere Vorfahren zögerten, weil sie nicht sicher waren, ob es sich bei dem dunklen Umriss vor ihnen nur um einen Schatten oder um ein Raubtier handelte, war es leider schon zu spät.« Deshalb merke: Damit wir weiße Wände und dunkle Schatten unterscheiden können, benötigen wir Muster.

» Mit Mustern können wir kategorisieren, einordnen, bewerten. Schublade auf – Information hinein – Schublade zu.

Zu Ende gedacht und zugespitzt: Es wäre fatal, wenn wir die »echte Realität« in allen Details unverfälscht wahrnehmen könnten. Wir wären überfordert aufgrund der Vielzahl von Eindrücken, die es zu verarbeiten gilt. Bei jedem Gegenstand müssten wir erneut prüfen, ob es sich wirklich um das Vermutete handelt. Ist der Tisch wirklich ein Tisch? Muster kürzen den Wahrnehmungs- und Einordnungsprozess ab, indem sie vereinfachen.

↳ Die Filterwirkung der Muster macht Komplexität überhaupt erst handhabbar.

Halten Sie bitte – falls Sie überhaupt eine tragen – Ihre Uhr mit der anderen Hand zu. Und fragen Sie sich jetzt, wie das Zifferblatt aussieht. Ist es digital oder analog? Sind die Stunden alle von 1 bis 12 durchnummeriert oder vielleicht nur die Zahlen 12, 3, 6 und 9. Vielleicht fehlen die Nummern auch ganz. Welche Farbe hat das Ziffernblatt und wie sieht das Markenlogo aus?

Die meisten beschreiben ihre Uhr nicht korrekt, obwohl man ständig draufschaut. Ausnahme: Wenn Ihnen die Uhr sehr viel bedeutet, weil Sie lange darauf gespart haben oder es ein wichtiges Geschenk war.

Uns interessiert nämlich nicht die Uhr, sondern die Zeit, die wir ablesen. Wir erfassen das Muster der beiden Zeiger zueinander in einem in 12 beziehungsweise 60 Sektoren unterteilten Kreis sehr schnell und können alles andere ausblenden.

Gleichzeitig sind die Muster wie ein Netz, in dem Erregungen, Erlebnisse, Erfahrungen, Themen hängen bleiben und andere einfach aufgrund der Maschengröße nicht verfangen.

Übrigens: Wir sind und waren niemals frei von Mustern, nicht einmal bei unserer Geburt. Denn bereits vorgeburtlich gab es Erregungsmuster im geschützten Umfeld der Mutter, die die eigenen Muster geprägt haben. In der frühen embryonalen Entwicklung bilden sich die ersten synaptischen Verbindungen. Sie entstehen nach keinem genetisch festgelegten Bauplan, sondern – sehr verkürzt dargestellt – in Abhängigkeit von ihrer Nützlichkeit.

Das sich entwickelnde Gehirn verknüpft mehr oder weniger wahllos einen Überschuss an Neuronen und Synapsen. Davon ist ein Teil brauchbar, der andere nicht. Dieser unbrauchbare Teil stirbt ab.

Muster entwickeln sich mit der Gehirnentwicklung nach ihrer Nützlichkeit.

In den Wissenschaften ist man sich allerdings nicht einig, ob unsere Verhaltensmuster genetisch determiniert sind oder ob sie sich durch Sozialisation herausgebildet haben. Der Klassiker: Gene oder Umwelt? Mal schlägt das Pendel in die eine, dann wieder in die andere Richtung. Im Kern scheint sich die Mehrheit darauf verständigt zu haben, dass die Gene den Menschen – ähnlich einem Rohbau – in seinen Grundstrukturen prägen. Durch die soziale Interaktion kann allerdings das Gebäude sehr individuell aus- und immer wieder umgestaltet werden. Türen, Fenster, Wintergärten und vieles andere mehr entstehen erst im sozialen Miteinander mit anderen. Kurzum: Muster können sich ändern!

Je nachdem, wie man sein Haus ausbaut.

GOOD NEWS: NIX IST FIX

Unsere Muster sind nicht irreversibel festgeschrieben. Sie passen sich durch die sogenannte Neurogenese und Neuroplastizität an die Umgebung an – bis ins hohe Alter. Das weiß man übrigens erst seit etwa 40 Jahren.

Beruhigend, oder?

Wenn unser Gehirn die Muster ausbildet, die genutzt werden, könnte es bei einer anderen Nutzung auch andere Muster ausbilden. Das klingt logisch und sorgt für Aufbruchstimmung. Denn die Einsicht ist der Schlüssel für den Musterbruch: Man muss sich nämlich fragen, wie das Gehirn auf anderen Bahnen genutzt werden kann. Dazu haben wir uns vor vielen Jahren mit dem Neurobiologen Gerald Hüther und dem Psychologen Klaus-Dieter Dohne ausgetauscht. Es wurde schon damals deutlich, dass das, was wir seit vielen Jahren als Experimente bezeichnen, viel mit dem zu tun hat, was Hüther und Dohne unter neuen Erfahrungen verstehen.

Beide sind im Vorstand der Akademie für Potenzialentfaltung.

Diese Erfahrungen allerdings mit dem Appell zu koppeln, man möge doch sein Handeln verändern, funktioniert nicht. Die typischen Folgeimperative blockieren: »Seid mutig und innovativ« oder »Ihr müsst die Komfortzone verlassen«. Üblicherweise bleiben diese Forderungen folgenlos. Menschen verändern ihr Handeln in den allerwenigsten Fällen aufgrund eines Appells, der an sie gerichtet wurde. Aus neurobiologischer Sicht darf das nicht verwundern. Denn die hartnäckigste Gegenspielerin eines Veränderungsappells ist die Haltung, die Menschen zu den verschiedensten Dingen ausgebildet haben.

» Raus aus der Welle der Appelle – rein in neue Erfahrungen, die Muster ins Wanken bringen!

Wer als Berater in einer Firma engagiert wird, in der die Belegschaft beratererprobt ist und jahrelang mit externer Begleitung gearbeitet hat, kann leichtes Spiel haben oder mit einer Hypothek starten – je nachdem, welche dominierende Haltung zum Konzept der Beratung vorherrscht. Immer wieder treffen wir auf höchst aufgeschlossene Menschen, die interessiert an Interviewprozessen teilnehmen, aber auch auf solche, die bereits beim ersten Kontakt unmissverständlich ankündigen, jedes Gespräch mit inhaltsleeren Floskeln flankieren zu wollen; sie würden nämlich keiner externen Person über den Weg trauen.

Eine Haltung ist sehr stabil, und das aus einem einfachen Grund: Sie lässt sich definieren als das Ergebnis der Summe an Erfahrungen, insbesondere solcher mit hoher emotionaler Relevanz. Wenn über die Jahre gesammelte Erfahrungen zu einer Haltung führen und Appelle wirkungslos sind, folgt als simple Konsequenz: Haltungsänderungen haben nur dann eine Chance, wenn – wie Gerald Hüther es ausdrückt – »günstigere«, andere Erfahrungen gesammelt werden.

- Das, was wir mit unseren Sinnen erfassen, ist nicht die Realität.
- Unsere Sinne erfassen das, was sich im Netz unserer Muster verfängt.
- Wir können nicht davon ausgehen, dass andere ähnliche oder gar dieselben Muster haben wie wir.
- Es gibt keine Schuldigen, die unsere Muster kausal beeinflusst haben, sondern alles hat sich zirkulär entwickelt.
- Ein Musterbruch beginnt damit, das Gehirn anders zu nutzen.
- Der erste Schritt hierfür ist das Sammeln emotional relevanter Erfahrungen, die ein Muster ins Wanken bringen können.

ÄHNLICH BEMUSTERTE ORGANISATIONEN

Wenn Individuen sowohl von angeborenen als auch von antrainierten Mustern geprägt sind, dann sollte man sich klarmachen, dass sich die Muster der Organisation ebenfalls auf die Muster des Individuums auswirken und umgekehrt. Zu Beginn unserer Forschungsarbeit erwarteten wir, dass sich die Muster von Organisationen je nach Branche, Unternehmensgröße, Rechtsform etc. deutlich voneinander unterscheiden. Schließlich lässt sich ein Klinikum schwer mit einem Automobilkonzern oder einer kommunalen Verwaltung vergleichen. Das liegt auf der Hand. Doch spätestens nach den ersten

2001!

50 Unternehmensbesuchen wurde klar: Viele Muster in Organisationen sind erstaunlich ähnlich.
Vielleicht kennen Sie die sehr erfolgreiche Liebeskomödie **»Und täglich grüßt das Murmeltier«** aus dem Jahr 1993 mit Bill Murray und Andie MacDowell in den Hauptrollen. Laut Wikipedia einer der besten Filme der 1990er-Jahre und eine der besten Komödien überhaupt. Über Geschmack lässt sich ja bekanntlich nicht streiten, und an dieser Stelle geht es auch nicht um die Qualität des Werks. Was diesem Film aber auf jeden Fall gelungen ist: Der Titel ging in den gängigen deutschen und englischen Sprachgebrauch über. Wenn wir eine sich ständig wiederholende Situation beschreiben wollen, dann sprechen wir vom ewig grüßenden Murmeltier.

Connors zur Hausdame: »Haben Sie manchmal ein Déjà-vu, Mrs. Lancaster?«

Mrs. Lancaster: »Ich glaube nicht, aber ich könnte ja mal in der Küche nachfragen.«

Im Plot ist der egozentrische, sarkastische Wetteransager Phil Connors mit einem Filmteam in die Kleinstadt Punxsutawney in Pennsylvania gereist, um am 2. Februar im Fernsehen über eine alte Tradition zu berichten: Ein Murmeltier wird aus seinem Bau geholt und dann von karnevalesk verkleideten Herren, die angeblich die Sprache der Murmeltiere sprechen, nach dem Frühling »befragt«. Diesen Tag erlebt Connors immer wieder aufs Neue. Um Punkt 6.00 Uhr wird er mit dem Song »I Got You Babe« von Sonny and Cher geweckt, um auf dieselben Menschen und Situationen zu stoßen. Und so sehr er sich auch bemüht, er entkommt den wiederkehrenden Mustern nicht, deren ständige Wiederholung nur er bemerkt.

Wäre der Titel bei einer Neuverfilmung heute noch derselbe?

In unserer Arbeit stellt sich oft ein Murmeltier-Gefühl ein. Wir finden es bemerkenswert, wie ähnlich sich Muster in Organisationen sind – unabhängig von deren Größe und Branchenzuge-

hörigkeit. Auch Führungskräfte und Mitarbeitende beschreiben uns immer wieder ihr Gefühl, auch innerhalb ihres eigenen Mikrokosmos in einer endlosen Musterschleife festzuhängen. Zwar sind Muster in Organisationen keine deckungsgleichen Stanzen wie die Begegnungen von Phil Connors, denn die spezifischen Akzentuierungen unterscheiden sich natürlich von Organisation zu Organisation. Aber auf einer bestimmten Flughöhe lässt sich stets ein gewisses Set an Universalmustern erkennen.
Blicken wir auf die sechs prominentesten Muster, die nach unserer empirischen Erfahrung in unterschiedlicher Intensität in jeder Organisation zu finden sind und die von Musterbrecherinnen und Musterbrechern hinterfragt und ins Wanken gebracht werden. Diese Muster werden wir im zweiten Teil des Buches wieder aufgreifen. Sie stehen für die Experimentierfelder, die auf dem Weg zur strapazierfähigen Organisation bespielt werden müssen.

1. MURMELTIER-MUSTER	**RISIKO WAR GESTERN – UNGEWISSHEIT IST HEUTE** **BEFUND:** Ungewissheiten werden negiert, ignoriert oder heruntergespielt. Man tut einfach so, als seien sie lediglich Risiken.
2. MURMELTIER-MUSTER	**RAUS AUS DER SELBSTBESCHÄFTIGUNGSZONE** **BEFUND:** Angeblich richtet sich alles am Kunden aus. Doch in Wahrheit übt man sich in Selbstbeschäftigung und orientiert sich an internen Referenzen.
3. MURMELTIER-MUSTER	**WACHSTUMSSCHMERZEN** **BEFUND:** Die Wachstums- und Skalierungslogik gilt als unverhandelbar.
4. MURMELTIER-MUSTER	**TOLL, EIN ANDERER MACHT'S!** **BEFUND:** Überall ist von Teams die Rede. In den allermeisten Fällen handelt es sich aber bestenfalls um eine Gruppe von Menschen, die irgendetwas besprechen.
5. MURMELTIER-MUSTER	**DIE UNENTRINNBARE ORGANISATION** **BEFUND:** Ständig wundert man sich über eine »Silomentalität« und überhaupt darüber, dass sich so wenig verändert. Aber Silos und Veränderungsresistenz gehören zur DNA funktionaler Organisationen.
6. MURMELTIER-MUSTER	**ANDERS VERNÜNFTIGE FÜHRUNG** **BEFUND:** Old-School-Führung ist an der Tagesordnung, so sehr auch die neuen Zeiten jenseits von Top-down beschworen werden.

ERSTE EINORDNUNG: In der Wirtschaftswelt herrscht eine erstaunliche Naivität. Unverdrossen wird mit Ungewissheit so umgegangen, als ob es sich um Risiken handelte. Es wird munter weitergeplant und weiterprognostiziert. Und wenn plötzlich ein schwarzer Schwan auftritt, wird nicht am Risikomanagement gezweifelt, sondern der schwarze Schwan beschimpft.

Korrekturpfad zur Strapazierfähigkeit:
► Experimentierfeld 1

ERSTE EINORDNUNG: Wer nicht skaliert und wächst, hat schon verloren. Nicht nur in der Welt der Start-ups ist diese Überzeugung zum Glaubenssatz Nummer 1 geworden. Es ist Zeit für eine Glaubenssatz-Korrektur, wenn man ernsthaft an seriösem Wirtschaften interessiert ist.

Korrekturpfad zur Strapazierfähigkeit:
► Experimentierfeld 2

ERSTE EINORDNUNG: Überall Customer-Centricity-Initiativen und leidenschaftliche Liebesbekundungen in Richtung Kunde. Das alles muss zwangsläufig auf dem Niveau von Beschwörungskampagnen verharren, weil die Logik der Organisation zum Blick nach innen zwingt.

Korrekturpfad zur Strapazierfähigkeit:
► Experimentierfeld 3

ERSTE EINORDNUNG: Es darf nicht überraschen, dass Menschen, die in funktional gegliederten Einheiten an der Wertschöpfung arbeiten, dabei von den Vorgesetzten bewertet, beurteilt und fachlich gemanagt werden, sich auf ihre Arbeit innerhalb dieser Einheiten konzentrieren. Was sollten Führungskräfte und Mitarbeitende denn sonst tun, als ihre Silos zu optimieren?

Korrekturpfad zur Strapazierfähigkeit:
► Experimentierfeld 4

ERSTE EINORDNUNG: Von Teams kann nur dann berechtigterweise die Rede sein, wenn eine Gruppe von Menschen ein neuartiges Problem zu lösen hat und befugt ist, dieses Problem mit den Mitteln anzugehen, die von der Gruppe als geeignet angesehen werden. Kein bislang ungelöstes Problem? Und kein echtes Mandat? Kein Team!

Korrekturpfad zur Strapazierfähigkeit:
► Experimentierfeld 5

ERSTE EINORDNUNG: Die Kernaufgabe moderner Führung, nämlich das Gestalten von Beziehungen zwischen Menschen im Sinne einer gemeinsamen Wertschöpfung, spielt nur eine Rolle bei der Beschreibung von Soll-Zuständen. Die Organisationsrealität ist beeindruckend unbeeindruckt von den Bemühungen um eine neu gelebte Führungskultur.

Korrekturpfad zur Strapazierfähigkeit:
► Experimentierfeld 6

Was heißt das jetzt?

Es darf nicht verwundern, dass es diese dominanten Muster gibt. Die Erklärung ist erschreckend einfach: Es handelt sich um arbeitsteilig operierende Organisationen. Und Organisationen reproduzieren eigene Muster, auf die wir in den Experimentierfeldern ab Seite 106 noch eingehen werden.

Hier schließt sich der Kreis zu den individuellen Mustern: Menschen werden jahre- und jahrzehntelang in der Logik von Organisationen sozialisiert. Diese Muster des arbeitsteiligen Zusammenwirkens in Abteilungen und des Führens und Geführt-Werdens nach klassischen Prämissen sind bestens eingeübt. Denken Sie an das Beispiel mit der weißen Wand zurück: Unsere Muster machen ihren Job als Ordnungs- und Sortierungsfilter so exzellent, dass andere Vorstellungen durch die Maschen des Netzes rutschen.

Daraus ergeben sich aus unserer Sicht zwei Konsequenzen. Erstens: Bisweilen gilt es, diese inhärente Organisationslogik schlicht zu akzeptieren. Damit wird nicht der Resignation das Wort geredet. Gemeint ist vielmehr, dass Enttäuschungen, etwa über ausbleibende Veränderungen, besser nachvollzogen, verstanden und erklärt werden können.

Mit dieser Einsicht erspart man sich programmierte Enttäuschungen, unnötige Aufregung und unreflektierte Schuldzuweisungen. Ungeachtet dessen sollte – zweitens – alles darangesetzt werden, gegen diese prominenten Muster zu arbeiten und damit die Grundlogik der Organisation buchstäblich ins Wanken zu bringen. Das Murmeltier in uns muss endlich daran gehindert werden, jeden Morgen aufs Neue zu grüßen.

So austauschbar der Befund (etwa Silodenken) auch sein mag, so wichtig ist es, einen Blick auf die jeweiligen Strukturen zu werfen, deren Veränderung eine Wendung zum Positiven herbeiführen könnte. Dabei ist auch der Blick in die Vergangenheit wichtig. Ohne den Blick auf die bisherigen Muster lassen sich keine neuen gestalten. Wir halten zwar nicht viel von einer permanenten Nabelschau auf die eigene Organisationshistorie, aber sehr viel davon, den Gründen auf die Spur zu kommen,

wie und auf welche Weise sich gewisse Muster herausgebildet haben.
Das Mitdenken der Musterhistorie bedeutet auch, dass es stets um eine Erweiterung, Modifikation und Neuordnung geht – und es gar nicht zum vollständigen radikalen Musterbruch kommen kann. Eigentlich geht es um eine fortwährende Musterentwicklung, die das Bisherige mehr oder weniger deutlich anders konturiert. Daraus folgt, dass es einen Zustand der Musterlosigkeit nicht geben kann.

» Wer sich von einem Muster wegbewegt, ist bereits in einem nächsten.

Der Begriff und die Marke Musterbrecher, die wir vor knapp 20 Jahren geprägt haben, sind also gar nicht so radikal, wie es auf den ersten Blick erscheinen mag.

KAPITEL 2

STRAPAZEN REGIEREN DIE WELT

Warum in der Wirtschaft immer Gegenwind und Böen herrschen, wie man ihnen nicht nur effizient begegnet, sondern jene neue Unternehmenskraft entfaltet, die zum richtigen Widerstehen befähigt, in der neuen Strapazierfähigkeit überlebensfähig macht und zum Experimentieren anstiftet.

EVER GIVEN

Erinnern Sie sich noch an den März 2021, in Deutschland waren wir alle gerade noch im zweiten Corona-Lockdown, als die Nachricht durch die Medien ging, dass das 400 Meter lange und 59 Meter breite Container-Schiff »Ever Given« den Suezkanal blockiert. Am Ende konnten für sechs Tage keine Schiffe die wichtigste Wasserstraße der Welt befahren. Stau im Mittel- und im Roten Meer. Und wie wir das von der Autobahn kennen, selbst wenn die Unfallstelle geräumt ist, steht man noch einige Zeit, bis der Verkehr wieder fließt. So auch hier. Es dauerte Wochen, bis alles wieder reibungslos lief.

Was war an jenem Dienstagmorgen im März passiert? Um 7:40 Uhr Ortszeit dreht sich eines der größten Containerschiffe mit dem Bug nach Osten und dem Heck nach Westen und blockiert die Fahrrinne des Suezkanals in beide Richtungen. Vermutlich wurden dem Schiff und der gesamten Weltwirtschaft die eigene Effizienz zum Verhängnis.

20000 Standardcontainer kann ein Schiff dieser Größe laden, dessen Silhouette einem zehn Stockwerke hohen Plattenbau ähnelt, mit dem entscheidenden Unterschied, dass das Schiff beweglich und nicht fest im Boden verankert ist. Die Höhe der aufgestapelten Container boten dem aufziehenden Sturm an diesem Dienstag eine Angriffsfläche, ähnlich einem Segel, das das Schiff nach Steuerbord drückte.

Erste Effizienzstörung: Man hatte dem aufziehenden Unwetter nicht die nötige Beachtung geschenkt, obwohl einige umliegende Häfen bereits geschlossen wurden. Vermutlich wäre ein Ankern im Kanal zu teuer und ineffizient für alle Beteiligten – Reeder und Kanalbetreiber – geworden. Laut Abschlussbericht der Panama Maritime Authority (PMA), die den Vorfall später untersuchte, soll negativ verstärkend hinzugekommen sein, dass das Schiff zu schnell war und es Verständigungsschwierigkeiten zwischen dem indischen Kapitän und den beiden ägyptischen Lotsen gab. Zweite Effizienzstörung: Zu allem Überfluss gerieten die beiden Letztgenannten noch in Streit, was zu tun sei, da sie keine Erfahrung mit einem Schiff dieses Ausmaßes hatten.

Wenn man ein Anschauungsbeispiel für den oft zitierten »Schmetterlingseffekt« sucht, in diesem Vorfall findet man es. Drei Männer und ein Schiff zum falschen Zeitpunkt am falschen Ort – und schon hat man Chaos in der Weltwirtschaft … Unfälle passieren! Auch im Suezkanal ist schon das eine oder andere Schiff vor und nach der Ever Given auf Grund gelaufen und im Nachhinein sind alle sowieso klüger. Doch noch nie waren die Folgen der Havarie so groß: Ungefähr zwölf Prozent des Welthandels gehen durch dieses Nadelöhr, im Durchschnitt 51 Schiffe pro Tag. Allein Ägypten entgingen somit Einnahmen von mehreren hundert Millionen US-Dollar. Doch weitaus schlimmer sind die sonstigen Verluste: Lloyds List geht von einem Schaden von 400 Millionen US-Dollar aus, während die Ever Given festsaß – pro Stunde!
Was das für die Lieferketten bedeutet, kann man nur erahnen: Keine Microchips aus Taiwan, fehlende Autos in China, zu wenig Arzneimittel aus Indien, Produktionsstillstände, Versorgungsengpässe, Ziehharmonika-Effekte aufgrund sich verzögernder Abfertigungsprozesse in den Bestimmungshäfen etc. Vielleicht denken Sie jetzt, man hätte doch um Afrika herumfahren können. Das wäre bei einer Fahrt von Shanghai nach Hamburg ein Umweg von 6000 km gewesen und hätte ebenfalls zur gleichen Verzögerung geführt, wie das Warten auf die Bergung des havarierten Schiffs.

Bei Effizienz geht es immer um das Verhältnis zwischen Nutzen und Aufwand bei der Zielerreichung. Dieses Beispiel ist deshalb so schaurig gut, da es der Inbegriff übertriebener Effizienz und fehlender Strapazierfähigkeit ist. Mit nur einem Schiff ist es effizient gelungen, einen sehr erheblichen Teil der weltweiten Lieferketten zum Erliegen zu bringen. Auch wenn keiner der Beteiligten dieses Ziel verfolgte.

Könnte es sein, dass wir ein Problem mit der Effizienz haben?

Hätte man etwas Ähnliches vielleicht schon gut ein Jahr zuvor, mit dem Ausbrechen der Coronapandemie, sehen können? Erinnern Sie sich? Kein Toilettenpapier in den Regalen, keine medizinischen Masken zu kaufen! Oder hätte man es nicht schon viel früher wissen müssen, vielleicht bei der Finanzkrise 2007, als ein sehr effizientes und gut reguliertes Bankensystem (fast) zusammenbrach?

Aber unabhängig von Pandemie und Wirtschaftskrisen lassen sich in den letzten Jahren ähnliche Beispiele häufiger beobachten: egal, ob es die Chipkrise aufgrund lokaler Probleme einer nahezu regional-monopolistischen Halbleiterindustrie ist, ob die Abhängigkeit von russischem Gas zu massiven Versorgungsengpässen führt oder ob man in Deutschland vor leeren Apothekenregalen steht, weil man die Arzneimittelproduktion zuvor nach Indien und China verlagert hat. **Dahinter steckt meist ein ins Extreme umgesetzter Effizienzgedanke – mit jeweils katastrophalen Folgen.**

Vermutlich stimmen Sie dieser Aussage zu, entwickeln sogar eine gewisse Wut auf das System, doch spätestens jetzt werden Sie sich fragen: Wie soll ich hier etwas ändern?

Was war Ihr persönliches Wuterlebnis bezüglich Effizienz?

Kaum ist im vergangenen Geschäftsjahr das Umsatz- oder Gewinnwachstum zurückgegangen, setzt im Topmanagement der Sparreflex ein. Und der Rotstift wird dort angesetzt, wo keine kurzfristigen Effizienzgewinne zu erzielen sind. Bei Aufgaben, Abteilungen und Projektteams, die für Zukunftsthemen stehen. Häufig werden Weiterbildungsprogramme auf den Prüfstand gestellt. Alle für den betrieblichen Ablauf nicht relevanten Themen werden gestrichen. Oder der Bereich, der sich mit zukünftigem KI-Einsatz befasst, muss ITler in die Serviceabteilung abgeben.

Vor allem solche mit »esoterischem« Inhalt.

Ein Paradebeispiel für eine einseitig effiziente Ausrichtung sind Monokulturen in der Agrarindustrie, die hoch anfällig für jede Störung sind. In der Dokumentation ZDFzoom vom 13. Mai 2020 wurde die Putenzucht kritisch unter die Lupe genommen. Zuchttiere mit so marketingwirksamen Namen wie B.U.T. 6 wachsen innerhalb von 22 Wochen vom geschlüpften Küken zur 24-kg-Pute. Diese gezüchteten Tiere, deren Gewicht die eigenen Knochen kaum tragen kann, sind so anfällig für Parasiten und Krankheiten, dass die Ställe nur mit Einmal-Schutzkleidung und nach ausreichender Desinfektion betreten werden können. Es ist häufig notwendig, die Tiere mit Antibiotika zu behandeln. In 63 Prozent der Proben konventionell gezüchteter Tiere und in 25 Prozent des Bio-Putenfleischs wurden antibiotikaresistente Keime nachgewiesen. Der erhöhte Verzehr dieses Fleischs kann zu Antibiotika-Resistenzen beim Menschen führen. Und der Verbraucher kauft weiter günstiges Putenfleisch …

Beauty Six, die schöne Sechs.

Ein weiteres Beispiel: Es ist auf den ersten Blick sehr effizient, wenn elf Gemeinde-Rathäuser wie im Kreis Neu-Ulm an ein einziges Rechenzentrum des Zweckverbands angeschlossen sind. Wie anfällig diese Effizienzmaßnahme jedoch ist, zeigte sich an einem erfolgreichen Hackerangriff auf dieses System. In SWR 4 berichtete der Bürgermeister einer dieser Gemeinden und Vorsitzende dieses Zweckverbands, dass man nicht mehr auf die Meldeamtsdaten zugreifen konnte. Mit schwerwiegenden Folgen für die Bürgerinnen und Bürger der elf Gemeinden: Anmeldungen, Ummeldungen und das Beantragen von Pässen waren nicht mehr möglich. Auch hatte man keinen Zugriff mehr auf Haushaltsplanungen, Kassensysteme und Bezahlvorgänge. Und die Friedhofsverwaltung wurde ebenfalls lahmgelegt.

Drei Finger zeigen auf uns alle zurück: Und wie effizient sind Sie?

Vor allem im Business gilt ein hocheffizient getakteter Kalender als Zeichen der Professionalität. Selbst wenn der Workshop in der 600 Kilometer entfernten Stadt erst um 18 Uhr endet, muss der Zug um 18:04 Uhr erreicht werden, auch wenn man erst um 00.30 Uhr zu Hause ist. Übrigens: Wenn man bei Geschäftsreisenden nach dem Grund der Anreise mit der Bahn fragt, hört man die immer selben – effizienzorientierten – Begründungen:

Die spezifische Antwort: »Ich kann gemeinsam mit den Kollegen den Termin noch vorbereiten.«

Die klassische Antwort: »Im Zug kann ich arbeiten.«

Die nervige Antwort: »Ich konnte wichtige Telefonate führen. Und mittlerweile hatte ich auch eine sehr gute Verbindung. Die Netzabdeckung wird besser.«

Nur selten ist davon die Rede, dass man entspannt mit fremden Leuten reden oder einfach nur die Landschaft genießen, ein Buch lesen oder sich bereits auf der Heimfahrt einen Wein gönnen kann. Stets ist die Argumentation auf Effizienz getrimmt.
Ein weiteres beliebtes Aufregerthema: Meetings. Wie gehen Sie mit deren Flut um? Möglichst effizient einen

Termin an den nächsten? Und wenn die Kollegin aus dem Vertrieb dran ist, kann man ja Mails bearbeiten. Was sie zu sagen hat, ist für den Bereich, den man selbst verantwortet, gerade uninteressant. So nervig diese Besprechungen sind, zumindest lassen sie sich noch effizient nutzen.

Es ist merkwürdig: Für viele ist es gar nicht abwegig, aus Effizienzgründen Panzer oder Schneeräumer einzumotten, wenn sie mal nicht gebraucht werden, Schiffe bis an die Grenze des technisch Machbaren zu vergrößern, ohne die Folgen zu Ende zu denken, Produktionsstandorte zu konsolidieren und dort zu produzieren, wo Lohn- und Energiekosten am geringsten sind, auch wenn es zu lokalen Monopolen kommt. Vielleicht wird man irgendwann die Feuerwehr abschaffen, wenn es mal zwei Jahre lang in einer Region nicht gebrannt hat. Flächendeckende Effizienzsteigerung, aber zu welchem Preis?
Das zeigte der blockierte Suezkanal. **Eine immer effizientere (Welt-)Wirtschaft wird immer anfälliger für Störungen, mit immer größeren, nicht abschätzbaren Konsequenzen.**

Aber warum wirken sich kleine und größere Störungen oft so fatal aus?

Man hat den Eindruck, dass die beschriebenen Phänomene kein Zufall sind, sondern von fehlender Fähigkeit ökonomischer Systeme zeugen, unvorhergesehenen Beanspruchungen und Belastungen zu trotzen. Es scheint an Strapazierfähigkeit zu fehlen.

EFFIZIENZ, EIN HEISS GELAUFENER MOTOR!

Bevor wir dieser Frage nachgehen, sollten wir klären, was Effizienz überhaupt ist und woher das effizienzgetriebene Denken kommt. Grundsätzlich sind Menschen keine optimierten Wesen – zumindest nicht auf den ersten Blick: Sie benötigen am Tag nur eine begrenzte Kalorienanzahl und ein bis zwei Liter Wasser, neigen aber nicht selten zur Völlerei und trinken Bier, Wein oder Cola. Menschen wollen Leistung zeigen, suchen gleichzeitig aber nach Entspannung und Ruhe, sind ab und zu träge, denken oft nur an den eigenen Vorteil, bekämpfen sich wegen Kleinigkeiten und sind manchmal einfach nur schlecht drauf. Oft tun sie Dinge umständlich und beharren – trotz besseren Wissens – auf ihrer Meinung. Sie mögen Kunst und Kitsch und das bisweilen zu überhöhten Preisen. Sie kümmern sich um ihre Kinder, auch wenn die längst auf eigenen Beinen stehen könnten. Viele spenden für den guten Zweck, sind selbstlos und das Gegenteil eines Homo Oeconomicus. Manche mögen Schnee, auch wenn er die Heizkosten in die Höhe treibt. Menschen lieben, trauern und überhaupt lassen sie sich von unberechenbaren Emotionen überwältigen. **Menschen sind alles, nur eines nicht: effizient.** Effizienz zählt von Haus aus nicht zur menschlichen Kernkompetenz.

> Vielleicht sind Organisationen bisher so erfolgreich gewesen, weil sie Menschen das bieten, was diese selbst nicht gut können: **EFFIZIENZ!**

Rückblick: Effizienz war das, was **Frederick Winslow Taylor** zu Beginn des 20. Jahrhunderts suchte. Er beobachtete eine Unternehmenswelt voller Einsparpotenziale, fehlender Prozessklarheit und großer Abhängigkeit von individuellen Fähigkeiten. Mit seinem Buch »The Principles of Scientific Management« fiel der offizielle Startschuss für eine neue Denkungsart. Seitdem geht es in Unternehmen, oder allgemeiner gesagt: in Organisationen, um die Effizienz der Zielerreichung, um die Frage, wie es um das Verhältnis des erreichten Ergebnisses in Bezug auf den Mitteleinsatz steht, das Verhältnis des Ertrags zum Aufwand. Der Effizientere gewinnt.

Der Physiker Gerhard Wohland hat das treffend mit der sogenannten Taylorwanne beschrieben. Er hat dabei die Marktdynamik der letzten 130 Jahre und die dominierende Art der Produktion illustriert.

Physiker, Softwareingenieur und Managementberater. »Erfinder« der Taylorwanne und konsequenter Vordenker roter und blauer Probleme.

» Dynamik ist das Maß für die Menge an Überraschungen, die ein Unternehmen erzeugt oder aushalten muss.

Gerhard Wohland

Vor Taylor und der einsetzenden Industrialisierung waren Märkte lokal begrenzt, die Kunden bezogen ihre Waren von einer überschaubaren Anzahl von Produzenten, die in direktem Wettbewerb standen und diesem auch kaum ausweichen konnten. Um zu überleben, schreibt Wohland, musste man sich durch Flexibilität, Kundenorientierung und Innovation allmählich der wachsenden Dynamik stellen.

» Jeder Kunde kann sein Auto in einer beliebigen Farbe lackiert bekommen, solange die Farbe, die er will, schwarz ist.

Henry Ford

Abstieg in die Taylorwanne (nach Wohland)

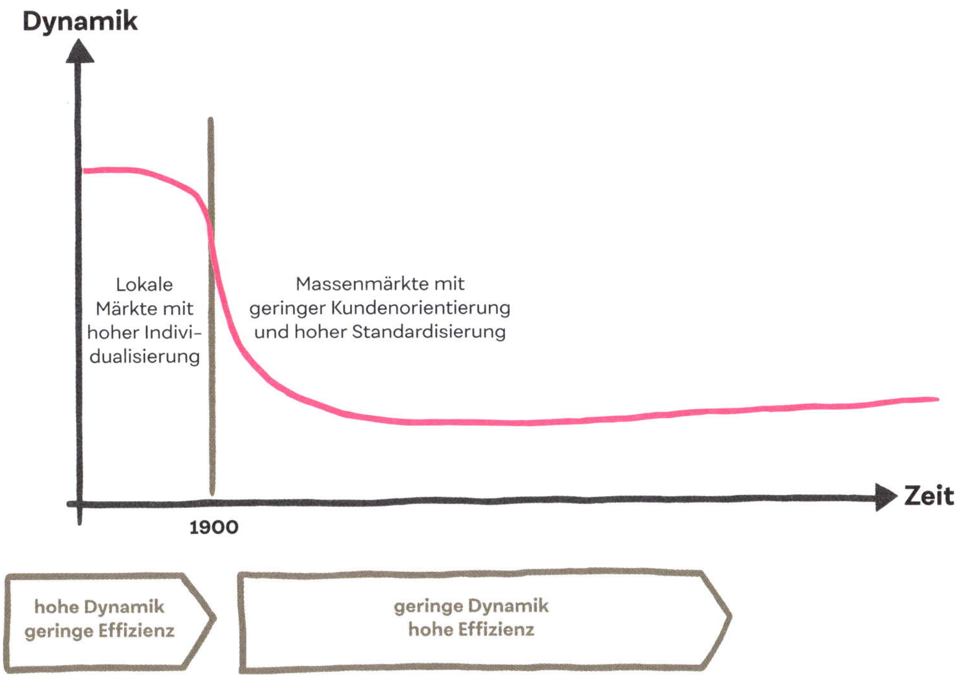

Mit der Umsetzung der Ideen des Scientific Management ab 1911 in der Produktion und einer immer effizienteren Logistik wuchsen die Märkte für die Anbieter zu Massenmärkten. Es ging in erster Linie nicht mehr darum, Kundenbedürfnisse zu befriedigen. Es ging darum, die Produkte durch immer effizientere Prozesse kostengünstiger herstellen zu können. Kaum ein Zitat macht das deutlicher als das von Henry Ford. Die Aufmerksamkeit richtete sich folglich nach innen, der Kunde war fast schon egal, er kaufte aufgrund der hohen Nachfrage sowieso. Und sobald Konkurrenz aufkam, wich man aus und bot seine Waren auf anderen Märkten an.

WO WURDE ES ERFUNDEN? IM DSCHUNGEL!

Vor 1877 wurden Rinder und Schweine lebend transportiert, um am Bestimmungsort geschlachtet zu werden. Dann wurde der Kühlwagen erfunden, wodurch der Transport von rohem Fleisch möglich war. Das war der Dreh- und Angelpunkt der Fleischverarbeitung – mit enormem Effizienzgewinn. Hinzu kommt, dass der Transport lebender Tiere um ein Vielfaches teurer war. Ab 1877 war es möglich, die Tiere im industriellen Stil zu schlachten, zu verarbeiten und zu verteilen. Mit den Stockyards von Chicago entstand der weltweit größte Schlachthof. Bereits 1866 war hier die Disassembly Line geschaffen worden, lange bevor Henry Ford die Assembly-Line – die Fließbandproduktion – erfand. Auf einer Länge von einhundert Metern hingen Tierkörper, die Arbeiter in monotoner Tätigkeit mit immergleichen Handgriffen zerlegten. Wozu ein Metzger mit seinem Gehilfen zuvor acht Stunden benötigte, brauchten hier angelernte Arbeiter nur 15 Minuten.

WELCOME TAYLORWANNE!

Konkurrierten vormals lokal ansässige Metzger um die Kunden, kamen jetzt Wagenladungen mit zerlegten Tierkörpern und fertigen Wurstkonserven an, die zu unschlagbar günstigen Preisen verkauft wurden. In der Folge wurden die traditionellen Metzger vom Markt verdrängt oder mussten mit den großen Fleischproduzenten kooperieren. So konnten sich die Verbraucher günstigere Fleisch- und Wurstwaren leisten. Entsprechend stieg die Nachfrage, bei der es primär nicht um die Qualität ging, sondern um Kosten und Verfügbarkeit. Frederick W. Taylor hatte also später wissenschaftlich genau das beschrieben, was in den Chicago Stockyards schon längst Alltag war.

Der amerikanische Schriftsteller Upton Sinclair veröffentlichte 1906 den Roman »Der Dschungel«, mit dem er das Grauen in den Schlachthöfen Chicagos und damit einen sehr zweifelhaften Erfolg der Industrialisierung aufdeckte, der nur durch die gnadenlos effiziente Ausbeutung der Tiere und der Arbeiter möglich war: »Es war Schlachten per Fließband, Fleischgewinnung mit angewandter Mathematik.« Der Medientheoretiker Gerhard Pretting kommentierte die Logik der Chicago Stockyards später wie folgt:

»Wenn Effizienz der Gott des Kapitalismus ist, dann waren die Schlachthöfe sein prächtigster Tempel.«

Die Definition von Effizienz ist einfach und unstrittig: Das Verhältnis von eingesetzten Ressourcen im Verhältnis zum erzielten Ergebnis. Es lässt sich in folgender Formel darstellen:

EFFIZIENZ = ERGEBNIS/MITTELEINSATZ

- **Ist die Effizienz > 1, dann war der Vorgang wirtschaftlich.**
- **Ist die Effizienz = 1, dann war der Vorgang aufwandsdeckend.**
- **Ist die Effizienz < 1, dann war der Vorgang unwirtschaftlich.**

Blicken wir eine Analyseetage tiefer: Durch diese Art der Berechnung und Planung soll Verschwendung im Unternehmen eliminiert werden. Es geht darum, Abläufe nach Effizienzmaßstäben zu optimieren, Abfall zu vermeiden und die verfügbaren Mittel klug einzusetzen. Der Formel kann man jedoch einen wichtigen Zusatz nicht entnehmen: den **Bezug auf eine operationalisierbare Zielgröße**. Der Durchfluss an Materie, Information oder Energie muss in den Kontext eines quantifizierbaren Ziels gesetzt werden, das in der Planperiode erreicht werden soll.

Was leider immer wieder vergessen wird!

Konkret heißt das beispielsweise: Ist das Ziel die Optimierung der Vertriebskosten, kann Effizienz daran gemessen werden, ob mit der Personalreduktion im Außendienst, dem neuen Zuschnitt der Vertriebsgebiete und der Einführung eines CRM-Modells mit geringeren Mitteln der Umsatz gleich geblieben ist, sich vielleicht im Idealfall sogar vergrößert hat. Oder: Wenn Produktionsprozesse beschleunigt und die Lagerhaltung auf ein Minimum reduziert werden, können den erzielten Ergebnissen ein Mitteleinsatz in Form von Abschreibung auf neue beschaffte Maschinen oder die Lieferfähigkeit gegenübergestellt werden.
Allgemein wird mit Blick auf Effizienz die Frage gestellt: **»Tun wir die Dinge richtig?«** Übersetzt auf den Zielbegriff heißt das: Ver-

folgen wir unsere Ziele richtig? Doch genau hier muss sofort eingehakt werden.

Was heißt »richtig«?

Vermutlich erinnern Sie sich an einen ähnlich klingenden Satz, den der Managementvordenker **Peter F. Drucker** bereits 1966 in seinem Buch »The Effective Executive« zur zentralen Frage machte, jedoch eine gänzlich andere Bedeutung hat: **»Tun wir die richtigen Dinge?«** Weshalb Fredmund Malik das wie folgt ergänzt hat:

Effizienz: »Tun wir die Dinge richtig?«

+

Effektivität: »Tun wir die richtigen Dinge?«

=

»Das Richtige richtig tun!«

Vereinfacht und mit unseren Worten könnte man sagen: **Liebe Managerin, kümmere dich erst einmal um Zielklarheit und setze dann möglichst wenig Mittel ein, um das gesetzte Ziel zu erreichen.** Das klingt einleuchtend, bekommt allerdings auf den zweiten Blick Logikrisse. Die Frage nach der Effektivität, also die Überlegung, ob es überhaupt die richtigen Dinge sind, die richtig getan werden sollen, ist alles andere als trivial. Der Versuch ihrer Beantwortung führt ins Reich der Rationalitätsmythen. Und eigentlich merken das alle Manager täglich. Der bekannte Organisationsforscher Karl E. Weick entlarvte bereits 1979 die Zielrationalität in Organisationen als Mythos. Und Niklas Luhmann beschrieb das Zweck-Mittel-Schema als Symbol für Rationalität, das sich bei konkretem Zugriff verflüchtigt.

Welche offiziellen Ziele verfolgen Sie?

Und welche inoffiziellen?

Welche Ziele haben Sie noch nie verstanden?

Und welche Ziele liegen auf der Hand und müssten verfolgt werden, aber keiner außer Ihnen denkt daran?

Wo gibt es Zielkonflikte innerhalb dieser (Ihrer) Ziele (etwa zwischen Ihrem Akquiseziel und dem Ziel, im nächsten Jahr keine Überstunden mehr zu machen)?

Und welche Zielkonflikte entstehen, wenn Sie die Ziele in der Familie oder allgemein im Privatleben hinzunehmen?

Wer könnte einen Nachteil haben, wenn Sie (alle) Ihre Ziele realisieren könnten?

Kennen Sie Ziele von Kolleginnen und Kollegen, deren Erreichen für Sie negative Folgen hätte?

Kennen Sie die Ziele Ihrer Vorgesetzten, Ihres Vorstands, Ihres Verwaltungsrats?

Taugen die offiziell formulierten strategischen Ziele dazu, einen Unterschied in der Ausrichtung zu machen – oder steht dort das Gleiche wie in den meisten Unternehmen?

Und wie fühlen Sie sich, wenn Sie die Ziele erreicht haben? Fordert Sie schon das nächste Ziel heraus?

Wann ist es Ihnen gelungen, ein Ziel mit den Mitteln zu erreichen, die auch dafür vorgesehen waren?

Wie häufig gab es Situationen, in denen Ziele mit weniger Mitteln erreicht wurden als vorgesehen? Und wann war es genau umgekehrt?

Wie häufig führte die fokussierte Verfolgung von Zielen dazu, Optionen, die sich »unterwegs« boten, nicht zu verfolgen?

Das lässt sich mit einer einfachen Überlegung unterstreichen. **Organisationen sind nur vordergründig Orte, an denen Menschen durch die gemeinsame Arbeit ein Ziel erreichen können. Eigentlich sind sie Orte, an denen Menschen ihre individuellen, aber meist unterschiedlichen Ziele mit oder ohne Bezug zur Organisation verwirklichen können.** Darum existiert in jeder Organisation ein Bündel von Zielen, quantifizierbare und qualitative, technische und soziale, persönliche und kollektive etc., die miteinander nahezu immer in Beziehung stehen und über deren Art und Anzahl, deren Widersprüchlichkeit oder auch gegenseitige Abhängigkeit noch nichts gesagt ist.

Woran orientiert sich Effizienz?

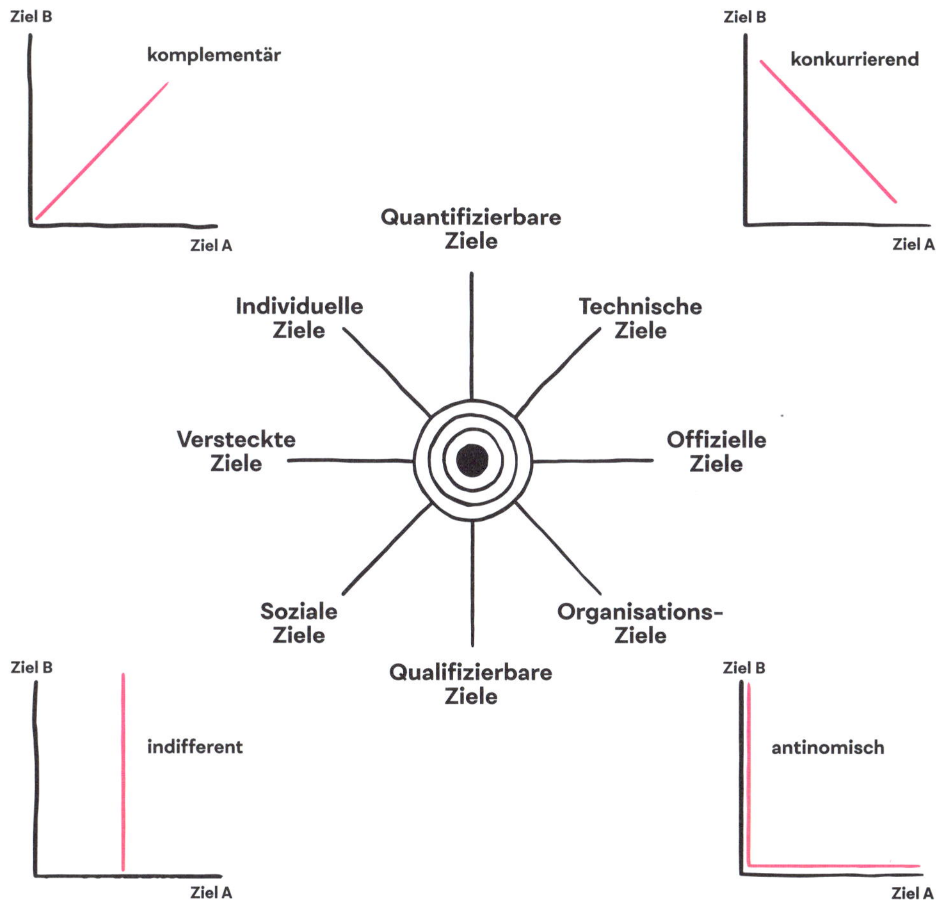

Mithilfe einer KI das Schreiben von Drehbüchern zu automatisieren oder Statisten in Filmproduktionen durch virtuelle Avatare zu ersetzen, kann als technisches und organisationales Ziel klassifiziert werden. Beide zahlen wiederum auf das dahinter liegende quantifizierbare Kostenziel ein. Diese Ziele widersprechen den sozialen und individuellen Zielen der Menschen, die bisher mit ihren Statistenjobs oder als Drehbuchautoren Geld verdient haben. Diese Ziele stehen sich **konkurrierend** gegenüber.

Dagegen verfolgt eine Kommune mit dem Ausbau der Verkehrsinfrastruktur das Ziel, ein Logistikunternehmen anzusiedeln, welches das **komplementäre** Ziel einer guten Verkehrsanbindung verfolgt.

Davon unabhängig – und somit **indifferent** – ist das Ziel des ansässigen Fußballvereines, das Unternehmen als Sponsor zu gewinnen.

Ziele, die sich ausschließen, also **antinomisch** sind, findet man zum Beispiel in der Umweltschutzdebatte zwischen CO_2-Reduktion und dem Verbrennen fossiler Brennstoffe.

Kontroll- und Umsatzeffizienz können sich indes widersprechen. Drei Beispiele: 1. Das Reporting im Außendienst nervt die Vertriebsmitarbeitenden. Gleichzeitig blockiert es in der Zeit, in der es angefertigt werden muss, den weiteren Verkauf von Produkten. 2. Die Effizienz einer ausführenden Abteilung kann an der Effizienz der planenden Abteilung scheitern. 3. Die effiziente Verteilung von eingehenden Anrufen, Mails und Dokumenten

über alle Medienkanäle zu den Servicemitarbeitenden über eine sogenannte Routing-Engine kann eine schnellere Bearbeitung ermöglichen, jedoch auch dazu führen, dass sich Mitarbeitende bevormundet fühlen und Kunden sich ausgesprochen ineffizient immer wieder mit neuen Personen auseinandersetzen müssen, die den Fall nicht kennen.

Natürlich gibt es methodische Ansätze, über die man dem Anwender verspricht, Zielklarheit in der Organisation zu erreichen. Der bekannteste ist der von Peter F. Drucker 1954 entwickelte **Managing-by-Objectives-Ansatz**, kurz MbO. Ein Führungskonzept, mit dessen Hilfe das Management den nachgeordneten hierarchischen Ebenen die jeweiligen zu erreichenden Ziele vordefinierte. Das Konzept verbreitete sich schnell, da man sich immer noch in der Taylorwanne befand und die Welt plan- und steuerbar erschien (und teilweise auch noch war).

Ein nie aus der Mode kommender alter Hut!

Heute ist die Kritik an diesem Ansatz weitverbreitet. Man erkennt die einengende Wirkung von Budgets, stellt immer häufiger fest, dass die Planperioden und die darin festgesetzten Ziele überhaupt nicht erreichbar sind. Der in der Regel an die Entlohnung gekoppelte Bonus und die fehlende Transparenz führen häufig zu nicht abgestimmter Zielfokussierung und verstärken die oben beschriebene Zielkonkurrenz.

Kein Wunder, dass nach einer neuen Methode gesucht wurde. Mit **OKR (Objectives and Key Results)** hielt diese Einzug in die Unternehmen – zumindest in manche. Dieser agile und bei Intel bereits Ende der 1970er-Jahre erfolgreich eingesetzte Ansatz wurde allerdings erst über Google so richtig bekannt.

> **» OKR hat uns geholfen, nicht in Dimensionen von zehn Prozent, sondern in Dimensionen des Zehnfachen zu wachsen.**
>
> Larry Page

Objective: Formel-1-Weltmeister.

Key Result: Erhöhung der Spitzenleistung um 10 PS.

Key Result: Mehr Testrunden als die anderen Teams fahren.

Key Result: Die schnellsten Reifenwechsel und das mit den Mechanikern üben.

Key Result: Den besten Fahrer aus diesem Jahr verpflichten.

Im Kern zeichnet sich OKR dadurch aus, dass alle Ziele allen in der Organisation bekannt sind. Dass der Aushandlungsprozess nicht nur das WAS verhandelt, sondern auch das WIE (Objectives) sehr ambitioniert und qualitativ formuliert und diese Objectives mit drei bis fünf konkreten messbaren Ergebnissen (Key Results) erreicht werden. Alle drei Monate werden die OKR überprüft und neue definiert. Es wird also in bedeutend kürzeren Zyklen geplant. Die Ergebnisse sind übrigens nicht an den Bonus gekoppelt. So zumindest die Theorie. Es folgen Retrospektiven und Reviews, also Reflexionsmomente, wie man das vom agilen Arbeiten her kennt.

Wir glauben, dass in dynamischen und turbulenten Zeiten diese Methode dem MbO-Ansatz überlegen ist, da die Ziele schneller angepasst und intensiver diskutierbar gemacht werden. Außerdem werden die Anreize, Fehler zu vertuschen, reduziert.

Wie ein Freund von uns sagt: »Ich glaube, keine Methode ist schlecht. Schlecht wird sie nur durch die Art, wie wir sie anwenden.« Was er damit sagen will: Es bleibt die Abhängigkeit jeder Methode von der nichtmessbaren kulturellen und individuellen Größe. Bin ich bereit, meine individuellen Ziele einem Gesamtziel unterzuordnen, meine eigenen Überzeugungen hintenanzustellen, zu Gunsten derer, von denen ich annehme, dass sie in der Organisation verfolgt werden?

Endlosschleifenzitat: »Wohin soll denn die Reise gehen?«

Das Richtige zu tun, ist verdammt schwierig. Vor allem, weil es so viele Möglichkeiten gibt, das Richtige, aber auch das Falsche zu tun. Und dennoch ist der ständige Ruf nach klaren Zielen in Organisationen allgegenwärtig. Hier machen es sich viele Entscheider leicht: Warum sich mit der Frage nach den richtigen Zielen aufhalten? **Rufen wir die Effizienz doch gleich zum alles beherrschenden Ziel aus.**

Immer häufiger lautet die Parole (die man natürlich so nie offiziell ausgeben würde):

Wir sind nur dann effektiv, wenn wir nach Effizienz streben!!!

Gefährliche Entwicklung
Wir tun die richtigen Dinge, wenn wir die Dinge richtig tun!

Oder anders ausgedrückt

Weil wir nicht wissen, was wir effektiv tun sollen, probieren wir es einfach ohne Umwege mit Effizienz!

Bitte nicht falsch verstehen. Ein überlegtes Streben nach Effizienz ist wichtig und richtig. Den heutigen Wohlstand und die Lebenserwartung, mit der wir in den Industrieländern rechnen können, hätten Generationen vor uns nicht für möglich gehalten. Die Produktivitätszuwächse in den letzten 200 Jahren waren gigantisch. Allein in den letzten 30 Jahren ist die Wirtschaftlichkeit in Deutschland und mit ihr die Produktivität, also das Input-Output-Verhältnis je Erwerbstätigenstunde, um über 35 Prozent gestiegen. Welche Potenziale in der Effizienz steckten, konnte man bereits am Anfang der industriellen Produktion erkennen. Dauerte es zu Beginn des 20. Jahrhunderts noch zwölf Stunden, bis ein Ford Model T produziert war, so reduzierte sich mit der Einführung des Fließbands in nur einem Jahrzehnt die Zeit auf eineinhalb Stunden.
Ressourcen effizient in Produktionsprozessen einzusetzen, um die Umwelt zu schonen, ist sinnvoll. Es ist effizient (und sowieso eine gute Idee), möglichst wenig Abfall zu produzieren. Effizienz an der richtigen Stelle ist ein Segen.

» Effizienz für sich genommen ist kein Übel!

WANN FUNKTIONIERT ES MIT DER EFFIZIENZ GUT?

Volatility – Unstetigkeit

Uncertainty – Ungewissheit

Complexity – Komplexität

Ambiguity – Mehrdeutigkeit

brittle – brüchig

anxious – ängstigend

non-linear – nicht-linear

incomprehensible – unbegreiflich

Es sind stabile Rahmenbedingungen nötig, damit Organisationen den gängigen Zielansatz der Effizienz verfolgen können. Es bedarf äußerer Stabilität, um ein inneres Optimum zu finden und sich auf Prozesse verlassen zu können. Die Ausrichtung an absoluten Zielen ist aber nur sinnvoll, wenn dieser Maßstab über eine längere Periode konstant bleibt, egal, ob nun ein Jahr wie im üblichen Budgetierungsprozess oder drei Monate, wie es der OKR-Ansatz vorschlägt. Nur dann besteht die Chance, das Zielbündel jeder Organisation zu bestimmen.
All diese Voraussetzungen sind in der vielzitierten VUCA-BANI- oder Wie-auch-immer-Welt nicht gegeben.

Man hat es schlicht und einfach mit steigender Dynamik zu tun! Punkt!

Denken Sie an die Begriffsdefinition von Gerhard Wohland: **Dynamik ist das Maß für die Menge an Überraschungen, die ein System erzeugt oder die auf ein System einwirken.**
Es ist angesichts der erlebten Ungewissheiten unschwer zu erkennen, dass die Anzahl der Überraschungen in einer globalisierten und digitalisierten Welt dramatisch ansteigt. Ein ständiges »Überraschtwerden« ist der Dauerzustand. Vor diesem Hintergrund lautet die Aufgabe nicht Zielplanung, sondern ein »Eingestelltsein« auf alle Eventualitäten.

Organisationen sind immer häufiger mit Überraschungen konfrontiert, denen sie nicht entkommen können. Sie müssen sich diesen stellen. Anders gesagt: Es ist klug, zu erwarten, dass man auf künftige Überraschungen nicht vorbereitet sein kann.

Und was hat Sie in letzter Zeit überrascht?

Das Konkurrenzprodukt?

Der Einbruch der deutschen Automobilindustrie?

Dass auf einmal chinesische E-Autos auf deutschen Straßen zu sehen sind?

Das erneut schlechte Abschneiden deutscher Schülerinnen und Schüler in der PISA-Studie?

Die fehlende Akzeptanz der Innovation durch den Kunden?

Die Auswirkungen erhöhter Gaspreise auf Ihr Unternehmen?

Das Heizungsgesetz oder das schnelle Zurückrudern?

Der Fachkräftemangel im Vertrieb, in der IT, in der Gastronomie oder in der Pflege?

Die Erstarkung radikaler Parteien in den Demokratien?

....

....

....

....

Doch das gelingt nicht, wenn man sich darauf beschränkt, Prozesse effizienter zu machen. Wenn Effizienz zum alles überstrahlenden Ziel wird, verliert man die Nebenwirkungen aus dem Blick. Die kleinste Störung kann riesige Probleme verursachen und die einmal erreichten Effizienzvorteile werden zunichtegemacht. Diese Effizienz ist toxisch, weil – meist an anderer Stelle – die Probleme zu gefährlicher Ineffizienz führen.

» Was kosten Einsparungsprogramme? – Mit Sicherheit Strapazierfähigkeit und Effizienz.

Aufstieg aus der Taylorwanne (nach Wohland)

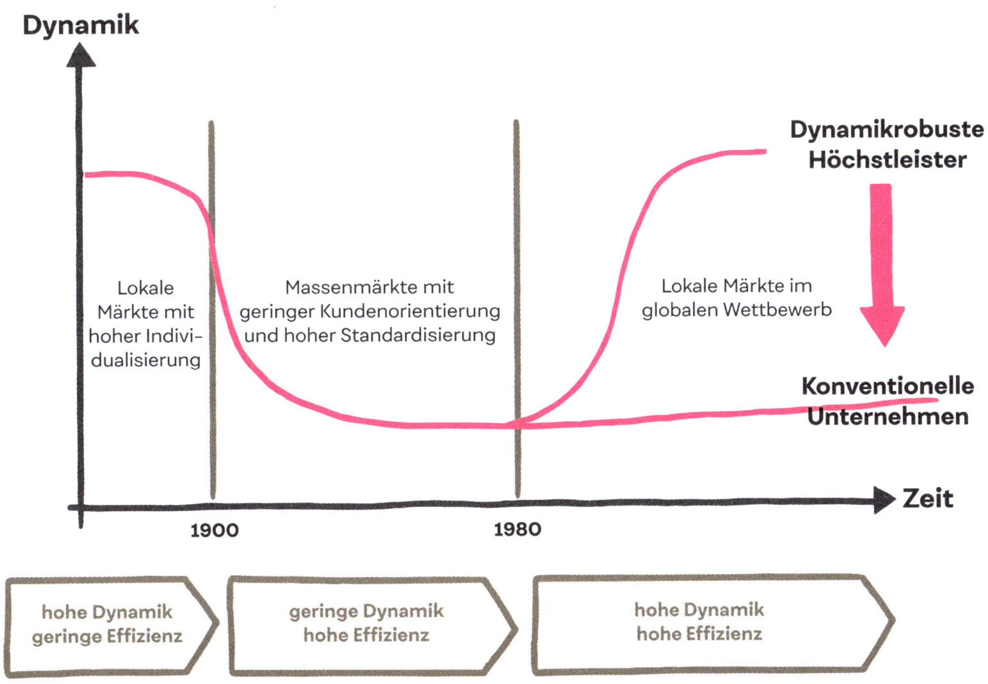

Seit Mitte der 1980er-Jahre gelang einigen Unternehmen etwas Paradoxes. Gerhard Wohland beschreibt sie als »dynamikrobuste Höchstleister«. Wir würden sagen, sie sind Musterbrecher. Sie begegnen der steigenden Dynamik der Märkte nicht einseitig mit Effizienz, sondern haben die Robustheit als Gegenspielerin integriert.

STRAPAZIERFÄHIGKEIT, DIE ANTWORT AUF EINE ÜBERRASCHENDE WELT

Aus diesem Grund benötigen wir einen Ansatz, der die Effizienz in ihrer Absolutheit »entmachtet«, ihr die Gefahr nimmt und zu ihr ein Gegengewicht bildet. Wir sind davon überzeugt: **Je überraschender die Welt, desto mehr ist Strapazierfähigkeit gefordert.**

Strapazierfähigkeit?!
Strapazierfähigkeit bedeutet, Anstrengungen, Beanspruchungen und Mühsal zu ertragen, der Erschöpfung zu widerstehen. Ob eine Belastung zur dauerhaften oder nur zur momentanen Strapaze wird, hängt von der Fähigkeit zur Regeneration und Anpassung ab.

Zu diesen Exoten kommen wir im ersten Experimentierfeld. Sie sind heute ein Symbol für ein unerwartetes Ereignis.

Vermutlich denken Sie sofort an **Resilienz** oder haben den Begriff der **Antifragilität** von **Nassim Nicholas Taleb** im Kopf. Strapazierfähigkeit hat mit beidem viel gemeinsam. Beginnen wir mit der Antifragilität, einem Kunstbegriff, der zum Ausdruck bringen will, dass in einer Welt voller Krisen und Ereignisse, mit denen man nicht gerechnet hat, sogenannte schwarze Schwäne auftauchen – wir würden von Überraschungen und Ungewissheit sprechen. Es geht darum, in diesen Situationen nicht fragil zu zerbrechen, sondern stärker, schneller, besser zu werden, also antifragil zu sein.

Antifragilität geht laut Taleb über die resiliente Fähigkeit hinaus, sich nach einer schleichenden, abrupten bis radikalen (Kraft-)Einwirkung wieder in den Ausgangszustand zurückzuentwickeln. Allerdings denkt man im Organisationsverständnis Resilienz schon länger nicht mehr so eindimensional, wie es der Ursprungsbedeutung vom Lateinischen »resilire« für »zurückspringen« oder »abprallen« aus der Material- und Werkstoffkunde entspricht und von der sich Talebs Antifragilität bewusst abgrenzt. Mittlerweile wird der Begriff zum Beispiel prominent in Psychologie und Organisationsentwicklung für Stressresistenz verwendet. Damit hat sich die ursprüngliche Bedeutung erweitert, hin zur Fähigkeit von Individuen und Unternehmen, sich an veränderte Umweltbedingungen anzupassen.

So weit, so gut! Bis hierhin könnte man für den Praxisgebrauch, abseits der rein wissenschaftlichen Diskussion, Resilienz, Antifragilität und Strapazierfähigkeit synonym verwenden. Wir führen allerdings bewusst den Begriff **»Strapazierfähigkeit«** ein. Zum einen glauben wir, dass der Kunstbegriff »Antifragilität« nicht benötigt wird. Zum anderen ist »Resilienz« schon zu »verbraucht« und trägt in der aktuellen Diskussion zu starke Konnotationen des Passiven, des Aushaltens und Ertragens.

Kurios wird es aber vor allem, wenn man den Weg der Resilienz nachzuzeichnen versucht. Ein aus der mechanistischen Denkweise stammender Technikbegriff hielt Einzug in verschiedene psychologische Teildisziplinen, in denen er dann nicht mehr naturwissenschaftlich-technisch verstanden wurde, um danach über die DIN-Norm ISO 22316 (2017) erneut in technischer Weise im sozialen System der Organisation verhandelt zu werden.

Sobald man die neun Handlungsfelder (entnommen einer Broschüre der Physikalisch-Technischen Bundesanstalt) dieser Norm reflektiert, kommen große Bedenken auf.

Irgendwie praxisfremd!

Eine DIN-Norm zur Resilienz soll Orientierung stiften, wirkt bei genauerer Betrachtung allerdings ausgesprochen naiv, da die organisationale Resilienz nicht auf Organisationsstrukturen und -prozesse angewendet wird, sondern bei der inneren Haltung der Führungskräfte und Mitarbeitenden ansetzt.

1. **Geteilte Vision und klares Ziel:** Alle Hierarchieebenen besitzen eine gemeinsame Vision, gemeinsame Ziele und Werte in Hinblick auf den Nutzen der organisatorischen Resilienz.

   Fragezeichen: Neben der oben behandelten Problematik der Zielklarheit wäre es natürlich schön, gemeinsame Visionen entwickeln zu können. Doch müsste sich Resilienz nicht dadurch auszeichnen, dass eine Organisation mehrere Ziele und Visionen ermöglicht**?**

2. **Umfeld verstehen und beeinflussen:** Es wird die Gesamtheit der internen und externen Systeme verstanden, sodass der Einfluss auf diese möglich ist.

   Fragezeichen: Die internen und externen Systeme zu beeinflussen, mag zu Beginn der Industrialisierung noch möglich gewesen sein, aber ist das in der heutigen VUCA-Welt nicht eine Illusion**?** Und wie naiv ist es zu glauben, dass durch ein Systemverständnis in der Folge Beeinflussung möglich ist**?**

3. **Effektive und ermutigende Führung:** Es besteht eine Führungskultur, die auch in Perioden der Unsicherheit und Veränderung effizient wirksam ist.

   Fragezeichen: Was nun: effektiv oder effizient**?**

4. **Resilienzfördernde Kultur:** Es sind einheitliche resilienzfördernde Überzeugungen und Werte, positive Einstellungen und Verhaltensweisen in der Organisation verankert.

   Fragezeichen: Wie geht eigentlich das »Verankern« einer Kultur**?**

5. **Information und Wissen teilen:** Es besteht ein Informations- und Wissensaustausch zwischen Mitgliedern der Organisation. Das Lernen aus Erfahrung und aus Fehlern wird unterstützt.

   Fragezeichen: Warum sollten die Mitglieder ihr Wissen teilen – und wie**?**

6. **Verfügbarkeit von Ressourcen:** Es stehen Ressourcen (zum Beispiel qualifizierte Mitarbeitende, Anlagen, Informationen, Technologie) zur Verfügung, um anfällige Stellen in der Organisation abzudecken und eine schnelle Anpassung an wechselnde Umstände zu ermöglichen.

   Fragezeichen: Was macht man, wenn man die anfälligen Stellen nicht kennt**?** Und benötigen die vermeintlich nicht so anfälligen Stellen keine Resilienz**?**

7. **Koordinierte Unternehmensbereiche:** Es werden Unternehmensbereiche identifiziert, entwickelt und koordiniert, die zu einer resilienten Organisation beitragen. Eine Zusammenarbeit zwischen diesen Bereichen findet statt, sodass gemeinsame strategische Ziele verfolgt werden.

   Fragezeichen: Kennen Sie Bereiche, die wirklich gut siloübergreifend zusammenarbeiten**?** Und müssten nicht nur ausgewählte, sondern alle Bereiche zu einer resilienten Organisation beitragen**?**

8. **Kontinuierliche Verbesserung fördern:** Die erhaltenen Ergebnisse werden evaluiert, um aus den bisherigen Erfahrungen zu lernen und Chancen zu erkennen.

   Fragezeichen: Muss eine resiliente Organisation nicht in der Lage sein, die Herausforderungen zu meistern, die überraschen, weil man dazu noch gar keine Erfahrungen sammeln konnte**?**

9. **Antizipation von Veränderungen:** Zukünftige Veränderungen werden frühzeitig erkannt und gemanagt.

   Fragezeichen: Ist Resilienz im klassischen Verständnis zu managen**?**

Fassen wir unsere zentralen Kritikpunkte zusammen, kommen wir zu folgenden Schlüssen:

- Eine technisch »verpackte« ISO-Norm liefert nur Beschwörungen der Unternehmenskultur und des Individuums und greift den wirklich gestaltbaren organisationalen Rahmen nicht auf.
- Das zentrale Argument, warum Resilienz im Organisationskontext Berücksichtigung finden muss, wird mit der Komplexität der Herausforderungen (VUCA, BANI, Dynamik etc.) begründet. Erschreckend ist der naiv-komplexitätsreduzierende Appellcharakter dieser Norm.
- Der Grundannahme, dass Mitarbeiterinnen und Mitarbeiter, die einen individuellen resilienten Umgang mit Belastungen aufweisen, eine wertvolle Ressource in Krisensituationen darstellen, wollen wir nicht widersprechen. Dennoch ist es problematisch, Resilienz deshalb zu fordern, um Mitarbeitende noch stärker belasten zu können.
- Der gängige Aufruf zu mehr Resilienz nimmt keinen Bezug auf die Gegenspielerin – die Effizienz. Im Gegenteil. Mithilfe der resilienteren Mitarbeitenden oder der resilienteren Organisation erhofft man sich höhere Effizienz. Die Resilienz wird somit zum Mittel der Effizienz. Auf Dauer kann mit echter Resilienz und Belastbarkeit jedoch maximal eine zerstörerische Ineffizienz vermieden werden.

EINE ANDERE, EINE ERWEITERTE PERSPEKTIVE

Einer der bedeutendsten theoretischen Biologen und Systemtheoretiker des 20. Jahrhunderts.

Seit Mitte des letzten Jahrhunderts beschäftigen sich Forscher mit Systemen, die sich in einem sogenannten Fließgleichgewicht befinden. Dieser Begriff wurde von **Ludwig von Bertalanffy** in die Naturwissenschaften eingeführt, für seine konkrete Anwendung in der Thermodynamik erhielt **Ilya Prigogine** 1977 den Nobelpreis für Chemie. Er war einer der Ersten, der sich fragte, wie inmitten von Chaos Ordnung entstehen kann. Trotz fehlenden Gleichgewichts erkannte Prigogine im Alltag Ordnung und Stabilität. Eine Traglufthalle bleibt stehen, weil in ihre Struktur Luft geblasen wird und sie so den äußeren Witterungsbedingungen standhalten kann. Ein Büro bleibt warm, weil im Winter die Heizung gegen den Wärmeabfluss »ankämpft«. Ein LKW fährt weiter, weil der Motor die notwendige Energie aufbringt, um das reibungsbedingte Abbremsen zu verhindern. Es entstehen sogenannte dissipative Strukturen.

Dissipative Strukturen

Ilya Prigogine hat sich mit einem Begriff auseinandergesetzt, der eigentlich paradox ist. Einerseits steht »dissipativ« für etwas Zerstreutes, Instabiles, Flüchtiges – Strukturen hingegen sind fest. Dissipative Strukturen finden sich dort, wo man sie nicht erwarten würde, weit entfernt vom Gleichgewicht. Wie kam Prigogine zu dieser Erkenntnis? Als er ein junger Wissenschaftler war, wurde die Wärmelehre vom Zweiten Hauptsatz der Thermodynamik geprägt, der aussagt, dass das gesamte Universum im sogenannten »Wärmetod« enden wird. In einem Zustand, in dem sich sämtliche Moleküle nicht mehr bewegen, kein Wärmeaustausch mehr stattfindet und in dem alles dieselbe Temperatur hat. In diesem Zustand wäre alles in einem Gleichgewicht maximaler Entropie. Alle Stoffe wären in einer Art »strukturloser Suppe« durchmischt.
Prigogine schlug indes einen anderen Gedankengang ein: »Ich dachte, dass es vielleicht gerade an der Reibung und am Energieaustausch mit der Umwelt liegt, dass Struktur entstehen kann.« Mit seiner Forschung, für die er schließlich den Nobelpreis 1977 erhielt, konnte er erklären, dass sich durch Strömungen und Einflüsse der Umgebung stabile und selbstorganisierte Strukturen bilden können. Diese Erkenntnis hatte großen Einfluss auf die Physik, die Chemie, aber auch auf die Ökonomie.

Offenheit: Einflüsse von außen nutzen. Gleichgewicht dank Instabilität.

Das Besondere dieser Systeme ist, dass sie offen sein müssen, also im Austausch mit ihrer Umwelt stehen. Sie können technischer, ökonomischer und ökologischer Art sein und bestehen aus Knoten und deren Vernetzung. Zwischen diesen Knoten fließt mehr oder weniger selbstorganisiert Materie, Energie oder Information. Dieser Energiefluss stabilisiert das System und so kann es sich grundsätzlich in seiner Form erhalten.

Der fließend-stabile Mensch

Jeder (erwachsene) Mensch existiert im Fließgleichgewicht. Es werden über Nahrung und Atemluft Stoffe zugeführt (Offenheit des Systems), die im Körper durch Organe und Zellen (Knoten, die in Verbindung stehen) in Energie zur Aufrechterhaltung des Überlebens umgewandelt und deren Abfallprodukte wieder ausgeschieden werden.

Fließgleichgewicht (nach Robert Ulanowicz)

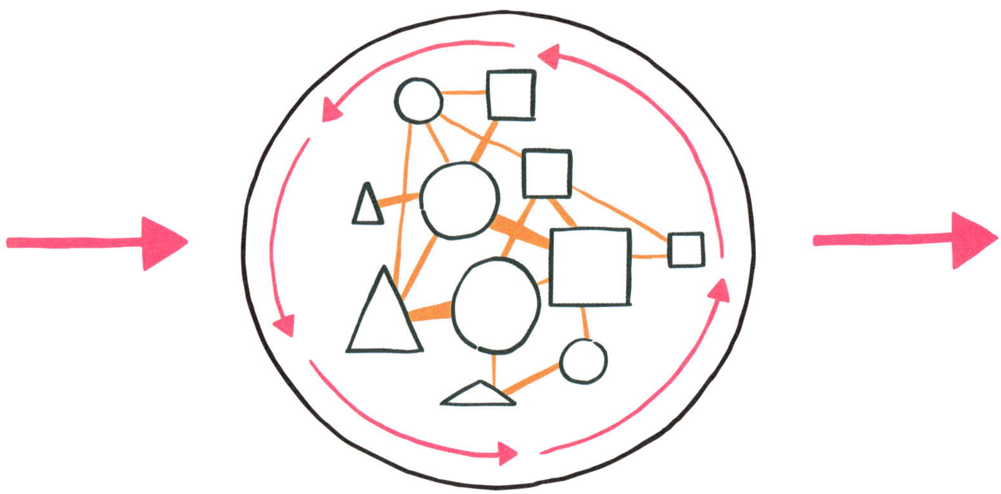

Robert Ulanowicz, emeritierter Professor der University of Maryland, erforschte mit seinem Team unterschiedliche Ökosysteme und beschrieb sie als dissipative Struktur im Fließgleichgewicht. Genauer gesagt als ein Fluss-Netz-System aus Materie/Energie, aufgebaut aus komplexen Beziehungen zwischen Organismen. In diesem Modell (siehe Abbildung) finden sich Pflanzen (Dreiecke), Pflanzenfresser (Kreise) und Fleischfresser (Vierecke), die durch die Nahrungsketten in Austauschbeziehungen stehen und miteinander vernetzt sind. Ein solches System befindet sich jenseits eines stabilen thermodynamischen Gleichgewichts. Man sieht keine »strukturlose Suppe«, in der sich nichts mehr bewegt. Im Gegenteil! Das System lebt. So werden in den Everglades Floridas Langusten von Fischen, Schildkröten und Schlangen gefressen. Diese Räuber sind die Beute der Alligatoren. Wenn diese Alligatoren sterben, werden sie wiederum Teil des Nahrungskreislaufs. Ihre Überreste werden von Schnecken und Seesternen gefressen, die wiederum die Beute der Langusten sind.

Etwas abstrakter: Pflanzen absorbieren Energie aus Licht, Wasser und Wärme und werden so zur Nahrungsquelle von Pflanzenfressern, die wiederum auf der Speisekarte von Jägern stehen. Und wenn diese Jäger sterben, dienen sie wiederum den Pflanzen und Kleinstorganismen als Nahrung. Der Kreislauf beginnt von vorne, das Ökosystem bleibt im Gleichgewicht, benötigt aber die Austauschbeziehung mit der Umwelt.

> **» The obsession with efficiency actually leads to overdevelopment, to cyclical crashes.**
>
> Robert Ulanowicz

Ulanowicz zeigte in seiner Forschungsarbeit, dass nur Netzwerke überleben, die sich neben einem hinreichenden Durchfluss (Effizienz) auch durch eine hohe Vielfalt in den Knoten und durch unterschiedlichste Vernetzungsmöglichkeiten (Redundanz*) auszeichnen.
Redundanz und Effizienz sind generische Dimensionen und gelten in allen Systemen dieser Art, die ihre Stabilität durch den Durchfluss von Materie sicherstellen.

EFFIZIENZ: Die Kapazität eines Netzwerks, das in hinreichend organisierter Art und Geschwindigkeit ausreichend Materie, Energie und/oder Informationen für alle Knoten zur Verfügung stellt, damit diese über längere Zeit mit dem Notwendigsten versorgt bleiben.

Kerngedanke:	**SO VIEL WIE NÖTIG!**
Worum es geht:	**OPTIMIERUNG DES INPUT-OUTPUT-VERHÄLTNISSES**

REDUNDANZ: Die Reserven eines Netzwerks bieten flexible Ausweichmöglichkeiten und Handlungsoptionen, die auftretenden Störungen erfolgreich entgegenwirken. Zusätzliche Optionen helfen dem System, sich vom Verlust oder der Unterbrechung eines oder mehrerer Pfade oder Knoten zu erholen.

Kerngedanke:	**SO VIEL WIE MÖGLICH!**
Worum es geht:	**OPTIMIERUNG DES KNOTEN-VERBINDUNGS-VERHÄLTNISSES**

* Ulanowicz und seine Kollegen nutzen im Englischen häufig den Begriff »resilience«, im Deutschen meist mit »Robustheit«, manchmal mit »Redundanz« und »Parallelität« übersetzt. Aufgrund der oben beschriebenen begrifflichen Prägung im Wirtschaftskontext haben wir uns für den Begriff »Redundanz« entschieden.

Achtung: Ist ein Ökosystem zu effizient aufgestellt und sind die einzelnen Knoten nicht mehrfach miteinander vernetzt, können kleinste Störungen nicht kompensiert werden. Würde also der Alligator nur von Schildkröten satt werden, müsste er verhungern, wenn die Schildkrötenpopulation aufgrund eines Parasiten stark dezimiert oder ganz ausfallen würde. Da Alligatoren aber über die nötige Robustheit und Redundanz in der Nahrungsversorgung verfügen, überspringen sie im Notfall einen Schritt in der Nahrungskette und fressen auch Langusten.

Ein Pandabär wird übrigens nur von einer Sorte Bambus satt. Das macht ihn zwar effizient, aber nicht belastbar und strapazierfähig.

Gelingt es andererseits aufgrund einer zu hohen Vernetzung nicht, den Durchfluss sicherzustellen, wird das System ebenfalls nicht überleben. Auf das Beispiel bezogen: Wenn alle alles fressen würden oder zu viele Räuber Langusten auf dem Speiseplan hätten oder zu viele Kleinstpopulationen vorhanden wären, würde sich die Energie im System verfangen. Es würde dem System an Effizienz fehlen.

Effizienz und Redundanz hängen in entgegengesetzter Weise von den strukturellen Variablen Vielfalt und Vernetzungsgrad ab.

Für das Überleben biologischer Systeme existiert nur ein sehr schmales Fenster, in dem Redundanz und Effizienz in Balance sind. Diese Balance bezeichnen wir als **Fenster der Strapazierfähigkeit** (siehe Abbildung). Um mit den Belastungen und Herausforderungen der Umwelt umgehen zu können, benötigen ökologische und ökonomische Systeme beides: Redundanz (Belastbarkeit, Elastizität, Robustheit, Resilienz, egal, wie Sie es nennen wollen) und Effizienz (Rationalität, Wirtschaftlichkeit, Optimierung, ...).

Natürliche Systeme streben, wenn Sie in die eine oder andere Richtung aus dem Gleichgewicht gebracht werden, zurück in dieses Fenster. Hier spielt die eingangs erwähnte Antifragilität wieder eine Rolle. Natürliche Systeme sind antifragil, weil sie in dieses Fenster streben. Ein durch Blitzschlag und Feuer abgebranntes Waldstück entsteht wieder neu. Vielleicht etwas anders, aber meist besser angepasst an die Rahmenbedingungen. Es ist jedoch klar, dass auch dieses neue Ökosystem zurück in das Fenster der Strapazierfähigkeit wandern muss. Wohingegen es in ökonomischen Systemen und Kontexten sehr häufig vorkommt, dass effizienzbedingte Probleme mit einer noch höheren Effizienzdosis gelöst werden sollen.

Rhetorische Frage: Wie sinnvoll ist die Erhöhung der Dosis eines unwirksamen Medikaments?

Der große Unterschied zur Wirtschaft: Statt auf maximale Effizienz setzt die Natur auf eine optimale Balance zwischen Belastbarkeit und Effizienz.

Fenster der Strapazierfähigkeit

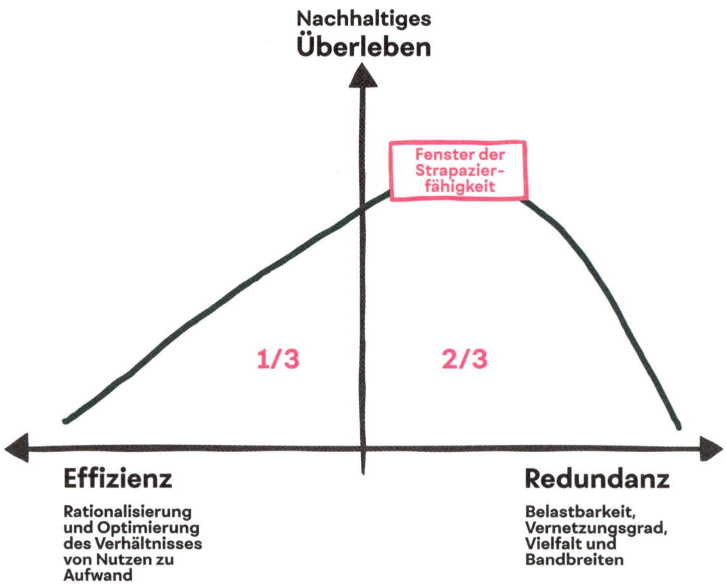

Besonders interessant ist eine weitere Beobachtung des Forscherteams um Ulanowicz. Es gibt ein deutlich größeres Gewicht auf der Seite der Redundanz. Das heißt, fehlende Redundanz hat negativere Auswirkungen auf das Überleben als das Fehlen von Effizienz im gleichen Maße. Man könnte auch sagen, dass das System ungefähr doppelt so redundant sein muss wie effizient, wenn es dauerhaft lebensfähig sein will. Was so natürlich nicht eindeutig messbar ist.

Probleme im Feld der Redundanz und Widerstandsfähigkeit wirken sich also doppelt so stark aus, wie Probleme bei der Effizienz, wenn es um das nachhaltige Überleben von natürlichen Systemen geht.

Bernard Lietaer, verstorbener belgischer Finanzmarktexperte, publizierte einige Artikel gemeinsam mit Robert Ulanowicz. Er bediente sich dieses Modells aus der Natur, um zu zeigen, warum unsere ökonomischen Systeme – insbesondere das Geld- und Bankensystem – übereffizient und zu wenig redundant sind.

» Das Problem ist sein Übermaß an Effizienz.

Nachweisen lässt sich dieser Befund anhand von über 200 Finanzkrisen in den letzten 100 Jahren – zuletzt 2009. Der Lerneffekt blieb jedoch aus, denn nach jeder dieser Krisen hat man das gleiche, einseitig auf Effizienz gerichtete System erneut aufgebaut.

Erstaunlich ignorant, oder?

Eine harte Erkenntnis für eine Betriebswirtin

Als wir das erste Mal in einem Interview mit Bernard Lietaer von diesem Modell lasen, wurde uns bewusst, dass an den Universitäten und Hochschulen den Studenten der Wirtschaftswissenschaften und speziell der Betriebswirtschaftslehre diese Unterscheidung zwischen Effizienz und Redundanz nicht gelehrt wird. Vielmehr verlassen junge Betriebswirtinnen und Betriebswirte die Institution mit dem Glauben: Je effizienter die Organisation ist, desto strapazierfähiger ist sie auch. Das Gegenteil ist jedoch der Fall: Je effizienter alles ausgelegt wird, desto unfähiger ist das System (Unternehmen, Wirtschaftsregion, Lieferkette, Produktionsablauf), auf Überraschungen zu reagieren.

Die zentrale Frage in der Wirtschaft lautet gemäß dem **Minimal- und Maximalprinzip** fatalerweise immer noch viel zu oft: Wie gelingt es, mit geringstmöglichem Aufwand einen definierten Ertrag zu erwirtschaften oder eben mit festem Aufwand den höchstmöglichen Ertrag? Dabei bemisst sich Erfolg fast immer in Geld. Andere Zielgrößen, wie Nachhaltigkeit, Zufriedenheit oder gar Glück, haben in der Praxis einen geringen bis keinen Stellenwert.

DAS EFFIZIENTE VERSPRECHEN DER KI

Interessant ist in diesem Zusammenhang die aktuelle Diskussion über den Einsatz von Künstlicher Intelligenz. Sie hebt zusammen mit der Digitalisierung und der Automatisierung den Taylorismus auf ein neues Level. Oder ist die KI das wirkliche Ende des Taylorismus? Übernimmt die KI gar die Aufgaben des Managements und bleiben für die Menschen irgendwann nur noch Hilfstätigkeiten übrig, für die noch kein Roboter entwickelt wurde? Oder entlastet die KI den Menschen von lästigen Routinetätigkeiten?

Darüber ließe sich jetzt trefflich streiten.

Der Erfolg des Taylorismus war es, sich in der Produktion unabhängig vom Einzelnen zu machen. Hilfsarbeiter konnten schnell angelernt werden und mussten nur einen sehr kleinen Arbeitsschritt beherrschen. Durch Künstliche Intelligenz, Digitalisierung und Automatisierung kann es nun gelingen, **den gesamten Produktionsprozess vom »Faktor Mensch« zu befreien.** Der ineffiziente Baustein wäre damit beseitigt. Bleibt die Frage, ob KI irgendwann auch Ideen haben kann, nämlich Ideen im Umgang mit den weiter oben beschriebenen Überraschungen.

Was passiert, wenn der Mensch als Kunde oder Verbraucherin nicht mehr benötigt wird?

Derzeit findet ein Wettlauf um neue und bessere KI-Systeme statt. Und obwohl mehr als hundert Expertinnen und Unternehmer, unter ihnen der Microsoft-Gründer Bill Gates und Sam Altmann, CEO von Open AI, ein Statement unterschrieben haben, das für eine sorgfältigere Entwicklung dieser Systeme wirbt, ist ein massiver Wettbewerb in Gange, wer das effizienteste System anbieten kann. Auch hier lässt man sich keine Zeit für Robustheit und damit besteht die Gefahr fehlender Strapazierfähigkeit.

ChatGPT direkt gefragt: Sollen Probleme durch KI effizienter gelöst werden?

Keine KI ohne Muster! Doch wie sieht es mit Musterbrüchen aus?

ChatGPT: Ja, einer der Hauptzwecke von Künstlicher Intelligenz (KI) besteht darin, Probleme effizienter zu lösen. KI-Systeme sollen beitragen, menschenähnliche Intelligenz in Maschinen zu integrieren, um komplexe Aufgaben zu bewältigen, Muster zu erkennen, Entscheidungen zu treffen und auf veränderte Umstände zu reagieren. Es gibt mehrere Gründe, warum KI für die Effizienzsteigerung bei der Problemlösung eingesetzt wird:

- Verarbeitung großer Datenmengen: KI kann große Datenmengen analysieren und Muster extrahieren, die für die Entscheidungsfindung relevant sind. Dies ist besonders nützlich in Bereichen wie Big Data Analytics und Data Mining.
- Automatisierung von Routineaufgaben: KI kann repetitive und zeitaufwendige Aufgaben automatisieren, was dazu beiträgt, Ressourcen freizusetzen und menschliche Arbeitskraft für komplexere und kreative Aufgaben zu reservieren.
- Schnelle Entscheidungsfindung: KI-Modelle können große Mengen von Informationen in Echtzeit verarbeiten und fundierte Entscheidungen treffen, was in verschiedenen Anwendungsbereichen, wie Finanzwesen, Gesundheitswesen und Logistik, von Vorteil ist.
- Optimierung von Prozessen: Durch die Anwendung von KI können Prozesse in verschiedenen Branchen optimiert werden, von der Produktion bis zur Lieferkette, um Kosten zu senken und Effizienz zu steigern.
- Präzise Analyse: KI kann komplexe Analysen durchführen und präzise Vorhersagen treffen, was in verschiedenen Szenarien, wie Wettervorhersagen, medizinischer Diagnostik und Finanzmärkten, nützlich ist.

> Es ist jedoch wichtig zu betonen, dass die Einführung von KI auch mit Herausforderungen und ethischen Überlegungen verbunden ist. Die Entwicklung von KI-Systemen muss verantwortungsbewusst erfolgen, um sicherzustellen, dass sie menschliche Werte respektieren, transparent sind und dazu beitragen, positive Auswirkungen auf die Gesellschaft zu haben.

Hört sich hier wie ein Beruhigungsmittel für die Leserin und den Leser an.

Mit der Frage nach Effizienz versus Redundanz stehen wir – auch im KI-Kontext – an einer Weggabelung. Doch leider wird öffentlich wenig darüber nachgedacht, ob man nach links oder rechts abbiegen will. Sollen KI, Digitalisierung und Automatisierung ausschließlich dazu dienen, effizienter zu werden? **Oder ist man bereit, sich in Wissenschaft, Wirtschaft und Politik den Fragen nach der Strapazierfähigkeit zu stellen und damit eine vermeintliche Verschwendung in redundante Strukturen ebenfalls mitzudenken.** Diese Diskussion hat eine enorme Tragweite, die den Rahmen dieses Buches sprengen würde. Wir wollten sie an dieser Stelle zumindest kurz andeuten, weil das Begriffspaar Effizienz/Redundanz auch hier die Diskussionsachsen befruchten kann.

EIN ERSTES RESÜMEE

Eine Errungenschaft der Industrialisierung und das Versprechen der Organisation ist die Effizienz. Doch sie benötigt ein Gegengewicht. Dieses Gegengewicht könnte sich – wenn wir von der Natur lernen wollen – in der Redundanz finden lassen. So entsteht Strapazierfähigkeit im Zusammenspiel dieser sich gegenüberstehenden Seiten.
Strapazierfähige Organisationen sind in der Lage, die Ambivalenz zwischen beiden sinnvoll auszubalancieren. Sie sind in der Lage, das effizient zu machen, was mit quantifizierbaren Zielen hinterlegt werden kann. Und gleichzeitig sind sie in der Lage, von einer einmal eingeschlagenen Richtung abzuweichen, Umwege

zu gehen, Redundanzen zu schaffen und die bisher verfolgten Effizienzziele zu verwerfen, wenn sich eine neue Option bietet. Dafür wird Überschuss benötigt. Ein Überschuss an Ressourcen, Zeit und Lust, sich dieser neuen Möglichkeit zu stellen.

Wem an einer strapazierfähigen Organisation gelegen ist, ...

- erkennt, dass der Versuch, ausschließlich auf Effizienz zu setzen, keine Lösung ist;
- ist sich bewusst, dass Ziele in dynamischen Zeiten nur eine sehr kurze Halbwertszeit haben;
- verliert keine Zeit mit dem Versuch, Zielklarheit zu erreichen (widerspruchsfreie Zielbündel);
- macht nicht den Fehler, Effizienz zum alleinigen Ziel zu machen;
- verteufelt die Effizienz aber auch nicht, sondern erkennt ihre Einsatzgebiete;
- schafft Überschuss (an Personal und Ressourcen), um auf Überraschungen mit Ideen reagieren zu können und Optionen zu nutzen, die sich unvorhersehbar bieten;
- arbeitet immer wieder an der Balance zwischen Effizienz und Redundanz;
- ist nachhaltig überlebensfähig im Fenster der Strapazierfähigkeit;
- kommt ohne Experimente nicht aus (dazu im nächsten Kapitel mehr).

KAPITEL 3

NULLIUS IN VERBA – ES LEBE DAS EXPERIMENT

Warum Experimente die besseren Projekte sind und wir uns klar machen sollten, dass das Experimentieren, Ausprobieren und Testen von Hypothesen eine Stärke ist, die uns von (allen anderen) Tieren unterscheidet, und weshalb Experimente gerade in Organisation das Mittel der Wahl zu mehr Strapazierfähigkeit sind, um dem einseitigen Streben nach Effizienz etwas entgegenzusetzen.

Bevor wir aufklären, was es mit dem Titel dieses Kapitels auf sich hat, bitten wir Sie, sich zu überlegen, was der Begriff **Experiment** beziehungsweise das Verb **experimentieren** bei Ihnen auslöst? Dazu ein paar begleitende Fragen:

- Haben Sie schon jemals – ob privat oder im Beruf – experimentiert?

- Und wenn ja, welche Art der Experimente waren das?

- Was löst der Begriff »Experiment« bei Ihnen aus? Unbehagen oder Begeisterung?

- Finden Sie Experimente im Kontext von Führung und Zusammenarbeit hilfreich, um Neues auszuprobieren oder haben Sie eher das ungute Gefühl, so zum Versuchskaninchen undurchdachter Konzepte zu werden?

- Was zeichnet ein Experiment für Sie aus?

- Welches Experiment wollten Sie schon immer starten?

...

Eine bis heute existierende, unabhängige wissenschaftliche Akademie, mit deren Hilfe Newton seine »Principia Mathematica« veröffentlichte.

Zurück zum Titel: »Nullius in verba« heißt: »nach niemandes Worte« oder: »sich von niemandem etwas vorschreiben lassen« und ist das Motto der Royal Society in England, durch das zum Ausdruck gebracht werden soll, dass man sich mit den unhinterfragten Glaubenssätzen bestehender Autoritäten kritisch auseinanderzusetzen hat und alle Aussagen durch experimentell ermittelte Tatsachen zu überprüfen sind.

Eine Revolution im Denken! Nicht unbedingt heute, aber 1660 allemal, dem Gründungsjahr der Royal Society.

Knapp 20 Jahre zuvor war Galileo Galilei gestorben, der durch Experimente mit mathematischer Auswertung die Wissenschaften revolutioniert und den Siegeszug der Naturwissenschaften eingeläutet hatte. Er misstraute der bestehenden Weltanschauung, die zum damaligen Zeitpunkt hauptsächlich von der Kirche geprägt war, begann genauer hinzusehen und fing an zu experimentieren.

Manchmal ist Misstrauen besser, als allem und jedem zu vertrauen. Noch einfacher: Misstrauen Sie allen Misstrauensverboten!

Durch seine Versuche, Beobachtungen und Berechnungen, aber auch durch Sturheit kam Galileo zu dem Schluss, dass die Erde sich um die Sonne dreht und nicht umgekehrt. Folglich konnte der Mensch – das Abbild Gottes – nicht länger der Mittelpunkt des Universums sein. Das geozentrische und von Aristoteles entwickelte Weltbild, das 2000 Jahre lang Gültigkeit hatte, begann zu kippen. Gleichzeitig verschlechterte sich Galileos anfänglich gutes Verhältnis zum Papst und brachte ihm die Verurteilung durch die Inquisition ein. Er wurde gezwungen, öffentlich seine Aussagen zu widerrufen, und ihm wurde ein lebenslanger Hausarrest mit Schreibverbot aufgezwungen, das er allerdings öfter zu umgehen wusste.

»... und sie (die Erde) bewegt sich doch!« Vermutlich (nie) von Galilei Galileo gesagt.

Eigentlich herrschten damals gute Zeiten für Musterbrecher. In Europa stand die von Kirche und Königen (und selten auch Königinnen) vorgegebene Weltanschauung auf dem Prüfstand. Und das noch bestehende System wehrte sich mächtig. Zum Glück nicht erfolgreich!

Doch zurück nach England, nur wenige Jahrzehnte später: In der von zwölf Professoren und wissenschaftlich interessierten Gentlemen gegründeten Royal Society folgte man der Tradition Galileo Galileis:

Futter für das nächste Quizduell: Christopher Wren, Robert Boyle, John Wilkins, William Petty, William Brouncker, Robert Moray, Alexander Bruce, Paul Neile, Jonathan Goddard, William Ball, Abraham Hill, Lawrence Rooke.

1. **Alle etablierten Erkenntnisse, die auf Tradition beruhen, werden mit Skepsis betrachtet.**
2. **Experimente werden zum gängigen Werkzeug des Erkenntnisgewinns.**
3. **Mithilfe der Mathematik wird man nach Erklärungen für das Beobachtete suchen.**
4. **Durch Abstraktion werden idealisierte Modelle gebildet.**

Unvorstellbar – zumindest aus heutiger Sicht –, dass man damals diese vier Punkte als revolutionär betrachtete. Doch es herrschte die Vorstellung, dass man Effekte, die man beobachtete, niemals als bestätigenden oder widerlegenden Beweis nutzen durfte, da Gott diese Effekte ja auch anders hätte hervorbringen können.

Beispiele gefällig? Wenn man etwa die Krümmung des Horizonts sah, war dies noch kein Beweis, dass die Erde eine Kugel sei. Wenn man durch ein Fernrohr die ellipsenförmige Planetenbewegung um die Sonne beobachtete, bedeutete das noch lange nicht, dass die Erde nicht im Zentrum des Universums stünde. Zwar ist es auch heute sinnvoll, nicht allem zu trauen, was man sieht. Man könnte jedoch sagen, dass es in der damaligen Zeit grundsätzlich verboten war, mit Beobachtungen die Instanzen (König, Kirche, Weltanschauung) anzuzweifeln, egal, wie fundiert die Erkenntnisse waren.

MEHR ALS NUR HEISSE LUFT

Das bis heute bekannteste Experiment, das in der Royal Society durchgeführt wurde, war das mit der Luftpumpe. Sie hören richtig, eine Luftpumpe, die mittlerweile in keinem Haushalt mehr fehlt, zumindest nicht, wenn ein Fahrrad im Keller steht, und der niemand von uns große Bedeutung beimessen würde, außer, man hat gerade einen Platten. Zugegeben, die damalige Luftpumpe konnte man nicht so einfach in den Rucksack stecken und man nutzte sie in der Royal Society auch nicht zum Aufpumpen von Reifen. Im Gegenteil! Robert Boyle, einer der zwölf Gründungs-Fellows, entzog mit ihr einem Glaskolben Luft und erzeugte damit – Teufelswerk – ein Vakuum. Dieses Nichts durfte es nach Aristoteles und Platon eigentlich gar nicht geben. Dafür gibt es einen Fachbegriff: »Horror vacui« oder »Scheu vor der Leere«.

↳ Zu Ende gedacht, hieß das: Wenn im Glaskolben absolute Leere herrscht, ist dort auch Gott nicht zu finden. Was für ein Frevel!

Heute würde man etwas umgangssprachlicher sagen: **Horror vor einem Vakuum** hatten vor allem die, die der etablierten Lehre folgten und keine Musterbrüche zulassen wollten, so bestechend klar die neuen Erkenntnisse sein mochten. Darum musste sich Boyle auch mit Thomas Hobbes streiten, der ein Experiment, wie häufig es mit demselben Ergebnis auch wiederholt wurde, grundsätzlich nicht akzeptierte. Wissen müsse aus der bestehenden Theorie ableitbar sein, so die Position Hobbes. Diese Meinung teilten Boyle und die anderen elf Fellows offensichtlich nicht und hielten tapfer am Experimentieren fest.

Und das war damals verdammt mutig!

Wenn man sich heute vorstellt, welches Wissen die Menschen durch Ausprobieren und Testen seitdem gewonnen haben! Was möglich wurde, als die von Menschen verbreitete, scheinbar göttliche Bestimmtheit der Welt infrage gestellt wurde? Was wären Physik, Chemie, Biologie, Technik und Medizin ohne Experimente? Und auf was müssten wir alles verzichten?

Zum Glück setzte sich das Experimentieren durch – zumindest in der Wissenschaft.

Leider nicht überall. Denn da gibt es ein kleines, aber mächtiges Dorf, das sich bis heute erfolgreich dieser Erkenntnis widersetzt. Im Gegensatz zu dem humorvollen gallischen Dorf, dem Asterix und Obelix entstammen und das der tumben und naiven Übermacht Roms etwas Kluges, Pfiffiges und Innovatives entgegenzusetzen hat, ist es hier anders. Dieser Ort – nennen wir ihn die Organisationspraxis und Managementlehre der letzten 150 Jahre – hat sich bisher erfolgreich dem Experiment verweigert. Und nicht selten hat man den Eindruck, dass in vielen Organisationen immer noch eine göttliche Vorsehung herrscht, die nicht auf den Prüfstand gestellt werden darf.

Projekte? Klar. Prozesse? Unbedingt! Experimente? Gott bewahre!

Experimentieren wird in diesen Disziplinen nicht gelehrt und man testet keine neuen Hypothesen in der Praxis. Die Management- und Organisationsliteratur verbannt das Experimentieren in die technischen Bereiche der Produkt- und Dienstleistungsentwicklung sowie auf die Makroebene der Volkswirtschaftslehre.

Das hat bisher gut funktioniert. Denn das Versprechen der Organisation ist, nicht experimentieren zu müssen. Es scheint alles durchdacht und sicher. Also warum experimentieren?

Das Denken in Bezug auf Organisation, Zusammenarbeit und Management ist häufig noch in einem vorgalileiischen Stadium.

HORROR EXPERIMENTORUM

Doch wie konnten Organisationen so lange ohne Experimente überleben? Erste Antwort: Weil sie der stetig steigenden Komplexität ausweichen konnten. Etwa durch die Verlagerung von Produktionsstandorten ins Ausland oder durch den Export in weniger kritische Märkte. Zweite Antwort: Manchmal hat die Größe zu sogenannter Systemrelevanz geführt und man war sich sicher, gar keine wirklich neuen Ideen haben zu müssen. Subventionen oder Staat haben es schon geregelt. Und zu guter Letzt: Andere Unternehmen hatten einfach nur Glück und überlebten. Oder sie bedienten sich der Experimentiererkenntnisse von anderen und kauften Innovationen ein.
Meist aber – und das muss klar sein – haben fast alle Organisationen sich nur behauptet, weil es trotz aller Gegenwehr mutige Menschen gab, die oft im Verborgenen etwas Neues ausprobiert haben und damit erfolgreich waren. Dazu gehören zum Beispiel jene 80 musterbrechenden Beispiele, die wir in unseren bisherigen Büchern beschrieben haben und auf die wir in diesem Buch nicht ganz verzichten wollen.

» Work underground as long as you can.

Gunter Dueck

Ex-Master-Inventor IBM und Professor für Mathematik.

Jede (noch) existierende Organisation muss experimentieren oder experimentiert haben, um zu überleben.

- Wann wurde in Ihrer Organisation einmal ein echtes Experiment in Fragen der Führung, Zusammenarbeit oder der Art der Organisation gewagt? Und wurde es auch so benannt?

- Wo sind die Labore, in denen eine andere Führung getestet wird? Wirklich getestet!

- Sammeln Sie frühere Feldexperimente in Bezug auf die Zusammenarbeit in Ihrem Unternehmen, bei denen man wirklich von einem Experiment gesprochen hat.

- Erinnern Sie sich an Ihr Studium (BWL, MBA) oder an Ihre Ausbildung? Wie viel Raum nahm das Experimentieren mit Organisation und Führung im Lehrplan ein und wie viel Raum das Managen von Projekten mit festem und klar definiertem Projektziel?

- Wie viel haben Sie über Budgets und Finanzpläne gelernt und wie viel über den Aufbau eines Experiments?

- Wie häufig hat man Ihnen erklärt, wie man Innovationen oder Change zu managen hat, und wie oft haben Sie sich die Frage gestellt, ob das Neue und die Veränderung nicht vielmehr ausprobiert werden müssen – anstatt alles managen zu können und zu wollen?

Wir sind überzeugt, dass man Optionen auslässt, wenn man nicht mehr Experimente im Organisations- und Managementkontext ganz offiziell und mit vollem Bewusstsein wagt. Warum? Weil es die erfolgversprechendste Möglichkeit ist, mit nie dagewesenen Ungewissheiten und Überraschungen umzugehen. Und weil es ein exklusives Alleinstellungsmerkmal von Menschen ist. Oder wie es der Verhaltensbiologe Norbert Sachser in einem Interview ausgedrückt hat: **»Sprache, Selbstreflexion, bewusst in die Zukunft projizieren, aufeinander aufbauende Erfindungen. Das alles können nach aktuellem Wissensstand nur Menschen.«**

Ohne aufeinander aufbauende Erfindungen und dem Testen von Hypothesen wären Menschen niemals so erfolgreich gewesen.

WAS IST ÜBERHAUPT EIN EXPERIMENT?

Jetzt gehen wir eine Etage tiefer. Wir sollten uns nämlich klarmachen, was hinter dem Begriff steckt. »Experimentum« heißt Versuch, Prüfung, Probe, Erfahrung, Beweis. Allein aufgrund dieser Wortbedeutungen wird klar, dass es nicht so ganz eindeutig ist, was ein Experiment ist. Umgangssprachlich meint man, dass man etwas ausprobiert, während in der Physik ein klar definiertes Vorgehen bezeichnet wird.

Für uns hier genügt der kleinste gemeinsame Nenner, um ein Experiment zu definieren: Es ist ein Verfahren zur Erkundung von Wirklichkeit und Möglichkeiten. Das erste und für uns zentrale wesensbestimmende Merkmal eines Experiments ist die Ergebnisoffenheit. Sie ist nicht zu verwechseln mit unüberlegtem »Drauflosprobieren«. Im Gegenteil, jedes Experiment wird durchdacht, der Rahmen abgesteckt und ein Versuchsaufbau konzipiert.

Wir halten fest: Ein Experiment unterscheidet sich vom klassischen Projekt. Denn im Projekt geht es nicht um Erkundung und Wissensgewinn, sondern um die einmalige Zielerreichung und Wissensnutzung. Ansonsten sind beide Vorgehen ähnlich geplant und überwacht.

Projekte sind zielgerichtet, Experimente sind ergebnisoffen.

Ein entscheidendes Startkriterium für ein Experiment ist das Formulieren einer Hypothese. Sie definiert die Ausrichtung des Experiments und sorgt dafür, dass es nicht beliebig wird. Das Formulieren einer Hypothese ist eine unbewiesene Aussage, deren Gültigkeit auf den Prüfstand gestellt wird. Aus unserer Erfahrung ist es hilfreich, diese **Hypothese in einen »Wenn ..., dann ...«-Zusammenhang** zu stellen. Mit dem Wenn werden die Rahmenbedingungen aufgespannt, unter denen etwas passieren soll.

Beispiel einer Hypothese: Wenn die Grenze der Freigabeberechtigung für Mitarbeitende von 1000 Euro auf 5000 Euro erhöht wird, beschleunigen sich die Entscheidungsprozesse. Oder: Wenn jeder Mitarbeitende einmal pro Jahr für eine Woche in einem anderen Bereich hospitiert, werden siloübergreifende Probleme schneller gelöst.

Wir erkennen: **Eine Hypothese zweifelt etwas Bestehendes an, eine Überzeugung, die Weltanschauung, ein Muster.** Bei der ersten Hypothese etwa, ob Mitarbeitende nur bis zu einer Höhe von 1000 Euro Bezahlvorgänge freigeben sollten. Bei der zweiten, ob Hospitationen nicht sinnvoll sein könnten, um die Nachbarbereiche besser kennenzulernen.

GROSSFORMATIG ZWEIFELN

Bevor der Palast der Republik 2006 abgerissen wurde, war die ursprünglich dort beheimatete Volkskammer der DDR schon seit 16 Jahren Geschichte. Von 2004 bis zu seinem Abriss erfolgte eine kurze Phase der Zwischennutzung, meist für Kulturveranstaltungen. Und so kam es, dass im Januar 2005 der norwegische Künstler Lars Ø. Ramberg in sechs Meter hohen Großbuchstaben das Wort »ZWEIFEL« installiert hat. Der Schriftzug war Teil eines Projekts mit dem Titel »Palast des Zweifels«. Der Künstler wollte damit »die Diskussionen um den Palast fördern und mit dem Diskurs um verloren gegangene Utopien, dem Suchen nach neuen Perspektiven und Identitäten verbinden«. Zweifel waren übrigens ein Auslöser, der die Menschen zu den Montagsdemonstrationen im Osten auf die Straßen brachte: Zweifel am bestehenden System.

Doch die Zeiten haben sich geändert. Zweifel ist ein Wort, das in Misskredit geraten ist. Eine Person, die zweifelt, taugt nicht zur Führungskraft. Wer zweifelt, ist ein Bedenkenträger oder Zauderer – wahrlich kein Kompliment. Im Gegenteil: So wird jemand beschrieben, der unentschlossen ist, der nicht weiß, wo es langgeht, oder sich nicht auskennt.

Es lebe der offene und dialogbereite Zweifel!

Doch Vorsicht: Das produktive Zweifeln am Bestehenden ist der Anfang jeglichen Experimentierens und jeglicher Veränderung. Aber Zweifel alleine reicht natürlich nicht. Es fehlt noch der Schritt zur Handlung. Das ist der Unterschied zwischen Musterbrechern und allen Anders-, Outside-the-box- und Über-den-Tellerrand-hinaus-Denkern.

Musterbrecher zweifeln UND handeln, indem sie experimentieren.

In den Naturwissenschaften kann eine Variable, die man als unabhängig bezeichnet, verändert beziehungsweise variiert werden. Man muss dabei beobachten, wie sich die abhängigen Variablen verhalten. Wenn man beispielsweise in einem mit Luft gefüllten Glaskolben eine Metallkugel und eine Feder fallen lässt, fällt die Metallkugel sehr schnell, die Feder hingegen gleitet sehr langsam auf den Boden des Kolbens. Demzufolge könnte man folgende Hypothese aufstellen: Die Fallgeschwindigkeit ist abhängig von der Masse eines Körpers und nicht vom Luftwiderstand. Somit würde man die unabhängige Variable »Luft im Glaskolben« verändern und die Luft dem Kolben durch eine Vakuumpumpe entziehen. Dann die Fallgeschwindigkeit (abhängige Variable) der beiden Objekte, Metallkugel und Feder, vergleichen, und man würde sehen, dass beide gleich schnell fallen. Man hätte somit die Hypothese widerlegt. Und käme zu dem Schluss, dass $v = g \cdot t$ gilt und die Fallgeschwindigkeit unabhängig von der Masse des Körpers ist. Dieser Versuch wäre beliebig oft und von anderen Experimentatoren wiederholbar. Man bezeichnet diese Art des Experiments als Laborexperiment, da es in einer besonderen Laborsituation durchgeführt wird, in der man alle anderen Variablen, bis auf die abhängige, stabil halten kann. Solche Laborexperimente sind im sozialen und technischen Umfeld eines Unternehmens oder einer Behörde nur schwer denkbar.

Die Reduktion aller Einflussfaktoren auf Kugel und Feder wäre in einem **Feldexperiment** unmöglich, da im natürlichen Umfeld der Erdatmosphäre ein Vakuum herrschen müsste. Klassische Feldexperimente werden meist in den Sozialwissenschaften, der Psychologie und Pharmazie durchgeführt. In diesem Fall ist eine strenge Reproduzierbarkeit nicht entscheidend, da in diesen Experimenten Lebewesen, meist Menschen, involviert sind, von denen es keinen Prototypen gibt und außerdem die Komplexität der Bedingungen meist die Komplexität des Versuchsaufbaus übertrifft. Hier geht es um die Größe der Untersuchung, eine statistische Bewertung und die Verallgemeinerung einer Aussage, etwa: »Menschen mit besserer Ausbildung verdienen mehr.« Das heißt natürlich nicht, dass das für jede und jeden gilt.

Validität bedeutet, dass nur gemessen wird, was gemessen werden soll. Das heißt, der Einfluss der unabhängigen Variablen auf die abhängige Variable wird durch keine weiteren Störvariablen beeinflusst. In dem beschriebenen Versuch der Fallgeschwindigkeit wird der Luftdruck im Kolben (unabhängige Variable) auf nahezu Null reduziert und der Einfluss auf die Fallgeschwindigkeit (abhängige Variable) untersucht. Der Versuch wäre in einem sehr starken Magnetfeld, parallel zur Fallrichtung, nicht mehr valide, da jenes beschleunigend oder verzögernd auf die Metallkugel wirken würde.

Von Reliabilität spricht man, wenn eine Messung unter den gleichen Bedingungen zum gleichen Ergebnis kommt. Wenn am gleichen Ort in einem Kolben mit Vakuum mit Feder und Eisenkugel gleicher Größe der Versuch durchgeführt würde, sollte das gleiche Ergebnis erzielt werden.

Objektivität ist fast selbsterklärend und heißt, der Versuch muss unabhängig vom Vorwissen und der subjektiven Beurteilung des Beobachters erfolgen. Es muss egal sein, wer den Kolben in der Hand hält und die Stoppuhr betätigt.

Das heißt, die Gütekriterien beim Experimentieren – Validität, Reliabilität und Objektivität – sind in der Management- und Organisationswelt schwierig bis gar nicht einzuhalten.

Und dennoch gilt es, zu experimentieren. Im Sinne der Suche nach einer Abhängigkeitsbeziehung von Ursache und Wirkung im speziellen Einzelfall. Nicht zu verallgemeinern und schon gar nicht als zweifelsfreies Naturgesetz formulierbar, sondern nur hilfreich für dieses Unternehmen, die Abteilung und die Menschengruppe, die etwas ausprobiert.

Man könnte in diesem Fall vielleicht von **Ausprobieren**, besser vom **Testen** sprechen. Ähnlich wie in den Ingenieurwissenschaften. Ein Prototyp wird gebaut – natürlich nach den neuesten Erkenntnissen der jeweiligen Disziplin –, dann wird getestet, ob dieser sich so verhält wie theoretisch gedacht. Damit handelt es sich um eine **heuristische, explorative Form des Experiments**.

» In Wahrheit heißt etwas wollen, ein Experiment machen, um zu erfahren, was wir können; darüber kann uns allein der Erfolg oder Misserfolg belehren.

Friedrich Nietzsche

Dieses Vorgehen stellt eine natürliche Methode dar, wie sich die Menschen ins Ungewisse hineinbewegen, etwa in eine neue Beziehung, in einen neuen Job oder in dunkle Räume: Menschen tasten sich vor, probieren aus, wo es langgeht und wo nicht. Sie orientierten sich an Rahmenbedingungen, sind aber bis zu einem gewissen Grad ergebnisoffen. Man testet und experimentiert nicht planlos, aber ohne definiertes und zu erreichendes Ziel. Das stimmt auch nicht ganz, denn ein zentrales Ziel verfolgen alle Experimente: **Erkenntnisgewinn**.

Das explorative Experiment sucht nach hilfreichen Lösungen für den jeweiligen Einzelfall, mit der Chance im Gepäck, auch keine Lösung zu finden.

Ein Experiment kann nie effizient sein. Es geht immer zuerst zu Lasten der Produktivität. Es ist erst einmal nur Input. Im besten Fall und mit erheblichem Zeitverzug kann es zu einem messbaren Output kommen. Experimente sind ein Wagnis. Die Fähigkeit, zu experimentieren, hilft, die Robustheit zu steigern. Experimente können ein gutes und gezieltes Gegengewicht zur Effizienzlogik sein.

Effizienz nutzt bestehendes Wissen optimal aus. Experimentieren hilft, mit Unwissenheit klug umzugehen.

Zum klugen Umgang mit Ungewissheit gehört auch, dass Experimente immer so angelegt sein müssen, dass sie, wie es der US-Flottenkommandeur Jon Haase formulierte, »zu niedrigen Kosten und bei äußerst niedrigem Risiko durchgeführt werden können. Sie müssen zudem provisorisch und umkehrbar sein, falls sie sich als Fehlschlag herausstellen.«
Aus diesem Grund geht es nicht darum, die gesamte Organisation von heute auf morgen in ein großes Experimentierfeld zu verwandeln und nur noch mit neuen Methoden zu arbeiten. Das würde die Strapazierfähigkeit des Systems zerstören. Es ist sinnvoller, in kleinen Einheiten, einzelnen Teams oder Abteilungen zu beginnen beziehungsweise die Experimentierfreudigen beginnen zu lassen. Auch wenn man es mit keinem Laborexperiment zu tun hat, könnte man eine laborähnliche Situation erzeugen, in der man besser beobachten, analysieren und gegebenenfalls nach- und feinjustieren kann. So lassen sich einfacher Ansatzpunkte für neue, weitere Experimente finden. Es wird diesbezüglich im kleinen Raum eines Teams oder in einer Abteilung immer ein besseres Muster der Zusammenarbeit entwickelt.
Und weil gute Muster adaptiert werden, ist die Chance groß, dass sich das neue Muster in der Organisation quasi von selbst verbreitet und dabei von anderen Bereichen übernommen und (experimentell) weiterentwickelt wird.

Selbstläuferlogik! Kein gepushter Roll-out nach allen Regeln des »Herunterkaskadierens«.

Ein und dasselbe Experiment geht in unterschiedlichen Kontexten anders aus. Wir sind von der Kraft und der lokalen Vernunft explorativer Experimente im Kontext der weichen Themen (Fragen der Kultur der Zusammenarbeit und der Führung) in der Organisation überzeugt.

Merkmale von Experimenten

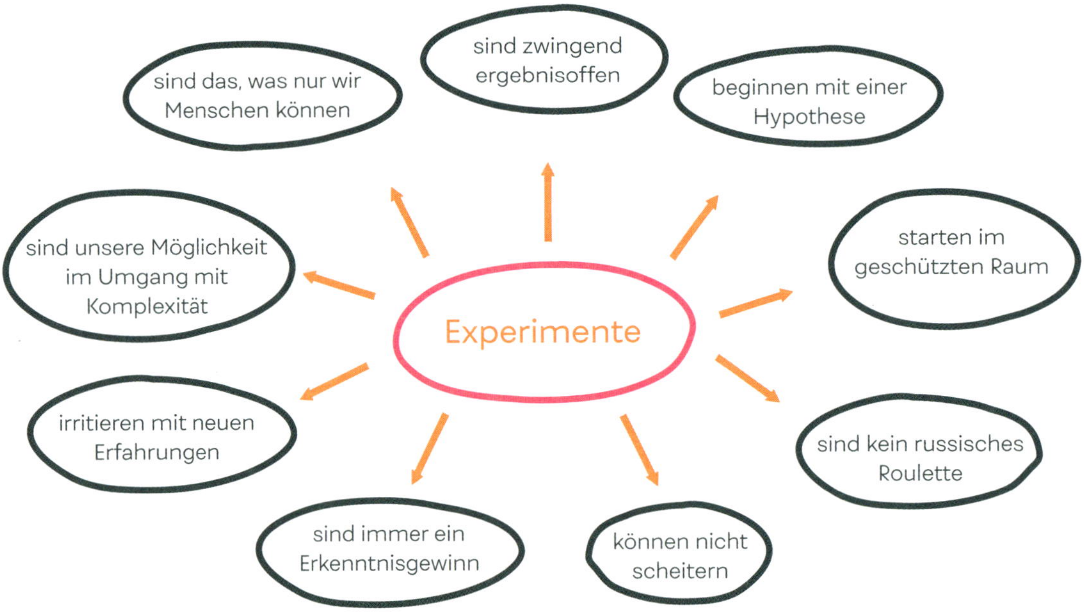

UNTERSCHEIDEN, WAS SICH ÄHNLICH IST – IMPROVISATION, SPIEL UND EXPERIMENT

»Das haben wir noch nie so gemacht.«

»Das war schon immer so.«

»Wo kämen wir denn da hin?«

Wir stellen fest, dass oft Experimentieren gesagt, aber Improvisation gemeint ist. Beides sind indes Wege, um mit Ungewissheit und Überraschungen umzugehen. Denn sowohl das Experiment (in Fragen der Zusammenarbeit und Führung) als auch die Improvisation zeichnen sich dadurch aus, dass sie das Immunsystem der geregelten Organisationswelt in Aufruhr bringen. Beide suchen nach Alternativen zum Bekannten, sie stellen infrage, was klar geregelt ist. Und darum werden beide von der Organisation bekämpft.

Unterdessen gehen Experimente und Improvisation häufig Hand in Hand: Der Musiker experimentiert im Proberaum, um auf der Bühne besser improvisieren zu können. Dennoch unterscheiden sich Experimente und Improvisation auf entscheidenden Ebenen. Experimente streben nach einer neuen Erkenntnis, nach neuen Mustern auf Basis einer Hypothese. Es spielt keine Rolle, ob die Hypothese bestätigt oder widerlegt wird. Und wie schon weiter oben erläutert, sind Experimente nicht ungeplant. Dagegen setzt die Improvisation spontan an, wenn Pläne versagen, wenn bekannte und vorgegebene Prozesse nicht zum Ergebnis führen.

Es geht letztlich darum, eine Lösung auf Probleme zu finden, die nach bestehenden Standards und Routinen nicht zu lösen sind. Improvisationen sind nicht im gleichen Maße ergebnisoffen wie Experimente. Die Fähigkeit zur Improvisation benötigt die Übung in der Vergangenheit. Improvisieren können in der Regel nur die, die ihr Fach beherrschen. Wie wir zum Beispiel von einem Jazzmusiker gelernt haben, beherrschen die, die am besten improvisieren können, ihre Instrumente virtuos, haben unzählige Male Tonfolgen gespielt, kennen ihre Mitspieler, haben im Vorfeld beim Üben experimentiert, um dann, wenn es darauf ankommt, aus einem breiten Repertoire an Mustern schöpfen zu können.

→ Improvisation schöpft die Kraft für eine überraschende Aktion aus den Erfahrungen und Erkenntnissen der Vergangenheit, während das Experiment den Rahmen bietet, neue Erfahrungen und Erkenntnisse für die Zukunft zu schaffen.

Wie oft mussten Sie in Ihrem Unternehmen schon improvisieren, um das geplante Ergebnis zu erreichen?

IN WELCHER SITUATION …	… HABEN SIE WAS GETAN?
Denken Sie an Corona. Alle Mitarbeiterinnen und Mitarbeiter sollten zu Hause arbeiten. Es fehlte an mobilen Endgeräten und an der entsprechenden Büroausstattung.	Sie funktionierten den Küchentresen in einen Arbeitsplatz um. Oder holten den Campingtisch aus der Garage, um diesen in die freie Ecke im Wohnzimmer zu stellen. Dort nutzten Sie das private Laptop, mit dem Sie sich erstmalig über VPN-Tunnel in das firmeneigene System einloggen konnten, um Ihre Fallakten zu bearbeiten …

Improvisation steigert ebenso wie Experimentieren die Strapazierfähigkeit des Unternehmens. Für den Führungsalltag bedeutet das, dem Üben und Experimentieren genügend Raum zu geben, bevor die Improvisation notwendig ist. Dieser Gedanke sollte nicht damit verwechselt werden, dass Mitarbeitende auf Seminare geschickt werden. Das reicht nicht aus. Überall dort, wo man damit rechnet, dass Pläne scheitern könnten, wird geübt und trainiert: im Sport, bei der Feuerwehr, in der Musikband oder beim Militär. Nur in den meisten Unternehmen scheint das noch nicht angekommen zu sein.

»Profis trainieren, Amateure haben es nicht nötig!«

Im Rahmen unserer Forschungs- und Beratungsarbeit haben wir Unternehmen kennengelernt, die den Umgang mit Krisen systematisch üben. Dadurch wird die Improvisationsfähigkeit der Belegschaft auf die Probe gestellt. Dieses permanente Üben der Krise ist übrigens ein Grund gewesen, dass man in diesem Unternehmen die Corona-Krise unbeschadet überstanden hat.

Wenn wir über Experimente nachdenken, müssen wir uns auch mit dem Spielen befassen. Das »Gedankenspiel« unterscheidet sich kaum vom »Gedankenexperiment«. Jede Hypothese ist ein Gedankenspiel. Manchmal eines, das gut durchdacht ist und mit Kollegen diskutiert wird. Manchmal kommt es nur aus dem Bauch heraus. Vom Experimentieren könnte man auch sprechen, wenn man kleine Kinder beim Turmbauen, Puppenspielen oder beim Baumklettern beobachtet. Man erkennt, dass hier ausprobiert und getestet wird.

Bitte nicht verwechseln mit dem Klassiker des Floßbauens im Rahmen von Offsites der oberen Führungsebene!

Alle Lebewesen, die mit einem lernfähigen Gehirn ausgestattet sind, spielen. Neurowissenschaftler sagen, dass es einen Zusammenhang zwischen der Lernfähigkeit des Gehirns und der Intensität des Spielens gäbe. Eine Spinne spielt nicht, da ihr Gehirn durch genetische Programme fest verdrahtet ist. Sie kann ein Spinnennetz auch ohne spielerisches Üben und Trainieren spinnen. Ein junger Hund spielt dagegen viel, um aus den gemachten Erfahrungen für den Ernst des Lebens zu lernen. Es wundert nicht, dass gerade unsere Spezies sehr viel spielt –

auch wenn wir uns manchmal fragen, ob unser Gehirn wirklich so lernfähig ist, wie wir meinen.
Das Spiel ist eines der wenigen Dinge, in dem Ungewissheit zelebriert wird. Es eröffnet Möglichkeiten. Es erlaubt, sich auszuprobieren. Es basiert auf intrinsischer Motivation und Kooperation. Letztlich ist damit die Vorstellung vom Homo ludens gemeint, jene Figur, die der Niederländer **Johan Huizinga** Ende der 1930er-Jahre beschrieb. Der spielende Mensch wächst in seinen individuellen Eigenschaften und Fähigkeiten – vorausgesetzt, er bewegt sich in einem Feld, das ihm Handlungsfreiheit zugesteht.
Schauen wir uns die Charakteristika des Spielens näher an, so wird deutlich, dass sie die Voraussetzungen sind, die ein Wissenschaftler braucht, um zu neuen Erkenntnissen zu gelangen. Was uns jedoch beim Spielen (englisch: play) noch fehlt, sind Regeln. Erst wenn wir dem Spielen Regeln geben, wird daraus das Spiel (englisch: game). Es entsteht so etwas wie Monopoly, Fußball oder Angry Birds. Das Spiel bietet den Rahmen, das Ergebnis bleibt offen.

Spielen Sie mal mit folgenden Gedanken:

- Sie nehmen am nächsten Meeting nicht persönlich teil, sondern schicken die viel kompetentere Mitarbeiterin in die Führungsrunde.

- Sie gestatten dem Mitarbeiter am Empfang, seinen ersten Eindruck über den neuen Bewerber nach dem Vorstellungsgespräch zu äußern.

- Sie entscheiden nicht mehr selbst über die Fortbildung, die Sie besuchen wollen, sondern überlassen es Ihrem Team, Sie zu einem bestimmten Training zu schicken.

- Was wäre anders, wenn Sie den unsympathischen Kollegen der Nachbarabteilung, der Sie schon mehrfach hat auflaufen lassen, oder den Vorstand, der für Sie unnahbar erscheint, einfach zum Mittagessen einladen würden?

- Wie würden Sie in der Situation Ihrer Chefin entscheiden? Und was wäre, wenn Sie ihr von Ihrer Idee unaufgefordert berichten würden?

Experimentieren ist von beidem etwas: **Es beginnt mit dem Zweifel und dem Gedankenspiel, wie es anders sein könnte.** Bestehende Regeln der bekannten Spielformen werden infrage gestellt und doch bleibt das Experiment kein regelloses und vor allem kein zweckloses Spiel.

Experimentieren, improvisieren und spielen sind drei verwandte Begriffe, mit einigen sehr entscheidenden Unterschieden (siehe Tabelle).

Alle drei Begriffe sind notwendig, um die Strapazierfähigkeit zu steigern. Sie bieten ein Gegengewicht zur Effizienz und müssen aus unserer Sicht fest in die Fragen der Zusammenarbeit integriert werden. Wir haben als leitendes Vorgehen das Experimentieren in den Vordergrund gestellt, da es für den Organisationskontext anschlussfähig ist. Es erscheint planbar und das Management kennt es aus den Forschungs- und Entwicklungsabteilungen. Die Erkenntnisse, die man gewinnt, können auch dazu führen, dass man einen Experimentierprozess verwirft oder die neu erkannten Muster in die Praxis der Organisation übertragen werden.

EXPERIMENTIEREN	IMPROVISIEREN	SPIELEN
Neue Muster suchen und erkennen	Rekombination bestehender Muster und spontanes Ausprobieren	Den Umgang mit (eigenen, neuen, bestehenden) Mustern testen
Basiert auf einer Hypothese, die in die Zukunft gerichtet ist	Basiert auf einer Hypothese, die sich aus der Erfahrung bestätigt	Basiert auf einer Hypothese, die zweckfrei ist
Ist nicht zwingend problemlösend, sondern häufig auch problem- und erkenntnissuchend	Versucht, ein nach bekannten Vorgaben nicht zu lösendes Problem unkonventionell zu lösen	Löst kein eigentliches Problem, sondern das Metaproblem der eigenen Entwicklung
Geschieht häufig in einer Laborsituation	Geschieht situativ in der Realität	Geschieht meist in einer fiktiven Situation
Zukunft ist ungewiss	Zukunft ist unsicher bis ungewiss	Zukunft ist risikobehaftet bis unsicher
SIND GEPRÄGT VOM AUSPROBIEREN UND TESTEN		

DAS EXPERIMENT IN A NUTSHELL

Es beginnt mit dem spielerisch eingebrachten Zweifel, dass etwas, was vermeintlich immer so war, in Zukunft auch so sein muss.

Mitarbeitende müssen nicht bevormundet werden. Sie könnten selbstverantwortlich Materialbestellungen vornehmen und die Urlaubsplanung durchführen, ohne sich mit der Vorgesetzten abzustimmen.

Woran zweifeln Sie?

Eine Hypothese wird formuliert. Sie ist ein Gedankenspiel, das eine Vermutung äußert, wie es sich verhalten könnte. Die Hypothese stellt die Leitplanken oder den Rahmen eines jeden Experiments dar.

Wenn Mitarbeiter selbst bestellen können, was sie benötigen (von der Büroausstattung bis zu den Betriebsstoffen) oder gemeinsam ihren Urlaub planen, wird die Stimmung besser, die Eigenverantwortung steigt und die Arbeit verläuft reibungsloser.

Wenn Sie etwas testen wollten, was wäre das?
Und was könnten Sie sehen?

Dann wird ein Versuchsaufbau, ein Feldexperiment oder eine Testsituation geschaffen, die es zu beobachten gilt und die immer rückbaubar oder umkehrbar sein muss.

Für ein Jahr können die Mitarbeiter selbstständig Büromaterial nachbestellen. Sie können entscheiden, ob sie einen höhenverstellbaren Schreibtisch benötigen oder einen neuen Bürostuhl. Sie planen ihren Urlaub selbst in Abstimmung mit den Kollegen unter der Maßgabe, dass immer zwei Kollegen im Dienst und grundsätzlich ansprechbar sind. Die Aufgabe des Teamleiters ist, sich aus allem herauszuhalten, außer das Team fordert Führung ein.

Wie mutig ist Ihr Versuchsaufbau?

Die lokale Vernunft und die begrenzte Möglichkeit der Verallgemeinerung sind Kern des explorativen Experiments.

Beim Ausprobieren kann man von anderen lernen. In Veranstaltungen und auf Marktplätzen werden die Erkenntnisse aus den Experimenten geteilt. Dabei kann das gelungene oder gescheiterte Experiment eines Teams Inspiration für ein anderes Team werden. Eine typische »Roll-out-Logik«, die meist den Zwang einer Umsetzung für alle bedeutet, bringt in diesem Setting nichts. Vielmehr soll der Austausch Mut machen und zeigen, dass die Organisation hinter der Idee des Experimentierens steht.

Sind Sie sich darüber im Klaren, dass man Experimente in Organisationen tun muss und die Erkenntnisse selten verallgemeinern kann?

Einsames Experimentieren ist möglich, in Komplizenschaft ist es erfolgreicher und macht mehr Spaß.

Finden Sie Verbündete und Komplizinnen. Das Experimentierteam gibt Rückhalt und Sicherheit. Beziehungen sind gerade hier wichtiger denn je, da die Arbeit an den Mustern und gegen die Immunabwehr der Organisation fast nur in der Gemeinschaft möglich ist.

Wer sind Ihre Mitstreiterinnen und Mitstreiter?

Es gilt das Prinzip der Ergebnisoffenheit.

Nach dem Jahr werden die Erkenntnisse in einem Workshop reflektiert. Was hat man daraus gelernt? Was muss angepasst werden? Will man zurück in den ursprünglichen Modus?

Haben Sie die Ausdauer?

Experiment: Beginnt mit dem Zweifel am Bekannten, stellt eine bisher ungestellte Frage an die (lokale oder globale) Realität und beobachtet die Antworten.

Gedankenexperiment (oder Gedankenspiel): Ist immer der Einstieg in ein reales Experiment. Ohne Gedankenspiel kann keine ernsthafte Hypothese aufgestellt werden.

Feldexperiment (oder Feldforschung): Werden meist im sozialwissenschaftlichen und psychologischen Kontext durchgeführt und finden im natürlichen Umfeld statt. Exakte und gänzlich widerspruchsfreie Kausalitäten sind kaum zu erzielen. Erkenntnisse haben dennoch eine hohe Relevanz für die Praxis.

Quasi-Experiment: Stellt den Vergleich zwischen nicht randomisierten Gruppen und beobachtet Kausalbeziehungen im konkreten Fall. Kausalbeziehungen können dann auch für diesen Fall hergestellt werden.

Spiel: Dient dem Kennenlernen und der Erweiterung der eigenen Fähigkeiten in einem meist künstlich geschaffenen Umfeld.

Laborexperiment: Zentrale und bewährte naturwissenschaftliche Methode, um zu Erkenntnissen zu gelangen. Schafft eine Situation, in der die unabhängige Variable systematisch verändert wird und die Auswirkungen auf die abhängige Variable gemessen werden. Dabei werden möglichst alle anderen Einflussfaktoren stabil gehalten.

Test, Simulation: Mit Prototypen, Mustern, Modellen und Werkstücken werden die Eigenschaften und Annahmen im konkreten Einzelfall getestet.

Exploratives Experiment: Ziel des Versuchsaufbaus ist es, Erklärungsmöglichkeiten für gewisse Fragen im Einzelfall zu erhalten. Meist ist es möglich, neue Hypothesen aufzustellen, die Ausgangspunkt für weitere Experimente aller Art sind.

Improvisation: In ungeplanten oder falsch geplanten Situationen wird mit den vorhandenen Fähigkeiten versucht, ein akutes Problem zu lösen. Somit hat die Improvisation Ähnlichkeiten mit einem explorativen Experiment.

EXPERIMENTIERFELD 1

RISIKO WAR GESTERN – UNGEWISSHEIT IST HEUTE

Warum eine Autofahrt von Hamburg nach Lissabon lehrreich sein kann, weshalb man sich selten in Mediokristan befindet, warum die Truthahn-Illusion gefährlich ist und weshalb Sie sich ab und an Stressoren gönnen sollten.

Irgendwo am Rand der Autobahn zwischen Hamburg und Lissabon befindet sich eine zwei Zentimeter breite und zwei Meter hohe Latte. Sie haben keine Ahnung, wo das sein könnte. Nun fahren Sie nachts die Strecke mit dem Auto und haben eine Pistole dabei. Zu einem beliebigen, frei wählbaren Zeitpunkt kurbeln Sie die Fensterscheibe herunter und schießen in Richtung Straßenrand. Ein einziges Mal. Wenn Sie die Latte treffen, haben Sie gewonnen. Der Mathematiker und Wissenschaftsjournalist Christoph Drösser illustriert mit diesem Beispiel die Wahrscheinlichkeit eines Lotto-Sechsers mit Superzahl. Sie liegt bei 1 zu 140 Millionen. Ob sich die rund sieben Millionen regelmäßigen und 21 Millionen gelegentlichen Lottospieler in Deutschland in dieser Deutlichkeit über die Gewinnchancen im Klaren sind, ist eine offene Frage. Jedenfalls scheinen viele dem gar nicht unsympathischen Motto: »Pure Vernunft darf niemals siegen« zu folgen, das einst die Band Tocotronic feierte.

> **» Pure Vernunft darf niemals siegen**
> **Wir brauchen dringend neue Lügen**
> **Die uns durchs Universum leiten**
> **Und uns das Fest der Welt bereiten**
> **Die das Delirium erzwingen**
> **Und uns in schönsten Schlummer singen**
> **Die uns vor stumpfer Wahrheit warnen**
>
> Tocotronic

Das Glücksspiel ist eine der wenigen Domänen, in denen sich die Akteure der Risiken ihres Einsatzes, zum Beispiel ihrer eingesetzten Zeit oder ihres eingesetzten Geldes, vollständig bewusst sein könnten (sofern sie sich darüber informieren würden). Es geht ausschließlich um die reine Logik, weil es hieb- und stichfeste Wahrscheinlichkeiten gibt. Man ist noch nicht einmal auf das Erfahrungswissen von Experten und deren Prognosen angewiesen. Das ist Risiko in Reinform – berechenbar und bewertbar. In der Statistik ist dann von bekannten Eintrittswahrscheinlichkeiten und Erwartungswerten die Rede. Zumindest so lange, wie sich keine Menschen manipulierend einmischen, Karten, Kugeln und Würfel zinken, Gewinnwahrscheinlichkeiten an Spielautomaten definieren und programmieren.

VERMUTEN, SCHÄTZEN, ANNEHMEN – DIE WELT DES ZUFALLS

Doch leider ist die Welt nicht so berechenbar wie das legale Glücksspiel. Das wussten schon die ganz großen Mathematiker vergangener Jahrhunderte. So hat **Jakob Bernoulli** den Begriff der »Stochastik« geprägt. Dieses Teilgebiet der Mathematik, das sich mit Wahrscheinlichkeitstheorie und mathematischer Statistik befasst, bedeutet aus dem Griechischen übersetzt: »Die Kunst des Vermutens«. Und **Pierre-Simon de Laplace** hatte bereits erkannt, dass die wichtigsten Fragen im Leben nur Probleme der Abschätzung von Wahrscheinlichkeiten sind – zumindest größtenteils.

Ein echtes und berechenbares Risiko gibt es nicht. Man muss versuchen, dem Zufall zu begegnen. Überlegen Sie kurz: Was wäre der positivste Zufall, der Ihnen in der Unternehmensentwicklung passieren könnte?

Siehe Kapitel 3!

Mit dem Ende des Mittelalters und dem Beginn der Neuzeit konnte und wollte man diese Zufälle nicht mehr so einfach auf den göttlichen Willen zurückführen. Im Umgang mit dem zukünftigen Zufall begann man, berechenbare Vermutungen anzustellen. Auch wenn die Ereignisse im Einzelfall vollkommen unbestimmt und unsicher waren und bis heute auch noch sind, so konnte bei ausreichend häufiger Wiederholung doch eine Wahrscheinlichkeitsverteilung bestimmt werden.

Wohl gemerkt: Erwartungswerte und Eintrittswahrscheinlichkeiten waren und sind auf Beobachtungen aus der Vergangenheit angewiesen. Dennoch: Was für ein Fortschritt! Dachte man bislang, man sei von Gottes Gnade und Vorsehung bestimmt, so war es nun möglich, ganz unreligiös zu kalkulieren, was in Zukunft sein wird. Vorräte wurden unter ganz anderen Prämissen angelegt, Versicherungen konnten jetzt ihre Ausfallrisiken berechnen, Bedarfe und Bevölkerungsentwicklungen wurden antizipiert. Diese Kenntnisse brachten positive Auswirkungen auf Innovation und Wirtschaft und eröffneten gänzlich neue Horizonte.

Im Jahr 1916 trübte ein amerikanischer Nachwuchsforscher die Euphorie in Sachen Zukunftsbeherrschung. **Frank Knight** reichte an der State University of Iowa seine Dissertation »Risk, Uncertainty and Profit« ein, die fünf Jahre später in überarbeiteter Form veröffentlicht (und in den folgenden Jahrzehnten von den Wirtschaftswissenschaften meisterhaft ignoriert) wurde. Die wesentliche Erkenntnis: Es gibt einen deutlichen Unterschied zwischen Risiko und Ungewissheit. Diese Überlegung ist auf den ersten Blick unspektakulär, weil in der Alltagssprache zwischen Begriffen, die in irgendeiner Form ein Wagnis zum Ausdruck bringen sollen, gewöhnlich nicht unterschieden wird.

Risiko, Unsicherheit, Ungewissheit – das klingt alles irgendwie gleich, nach dem Gegenteil von »sicher« und »prognostizierbar«. Hier ist allerdings Präzision gefragt, denn es handelt sich um drei fundamental verschiedene Kategorien. Mittlerweile haben sich unterschiedliche Begriffshierarchien entwickelt, sodass manche Autoren Risiko als Oberbegriff vorschlagen und verschiedene Risikoniveaus unterscheiden, andere wählen Unsicherheit als Kernbegriff und differenzieren deren unterschiedliche Ausprägungen.

Wir schlagen in Anlehnung an Knight drei Wahrscheinlichkeitssituationen vor, die zu einer Gegenüberstellung von Risiko und Ungewissheit führen.

1. Objektiv-logische Wahrscheinlichkeiten (etwa im Glücksspiel);
2. empirisch erhobene Wahrscheinlichkeiten (etwa die Lebenserwartung in Deutschland);
3. fehlende, im besten Fall vermutete Wahrscheinlichkeiten (etwa die Ansteckungsgefahr mit Corona im Jahr 2020).

Nur in den ersten beiden Situationen handelt es sich um Risiko. Objektiv-logisch geht es nur in der Welt des legal organisierten Glückspiels zu. Man könnte von einer »Casinosituation« sprechen. Demzufolge findet sich in der Unternehmenswelt kaum ein Beispiel für diese Form des reinen Risikos. Jede Art der Risikobewertung – von der Wahrscheinlichkeit einer Produktionsunterbrechung bis zur erwartbaren Fluktuationsrate – setzt immer empirische Daten aus der Vergangenheit voraus. In vielen Fällen lässt sich dann tatsächlich so etwas wie gelungenes Risikomanagement beobachten, wenn aufgrund der Empirie etwa das Dach einer Produktionshalle so gebaut wird, dass es zuzüglich eines Risikozuschlags sämtlichen Extremschneefällen standhält, die jemals verzeichnet wurden.

» Risikomanagement-Instrumente sind keine objektiven Analysewerkzeuge, sondern soziale Technologien, die das Gefühl vermitteln, Kontrolle über eine ungewisse Zukunft zu haben.

Stiftung Wissenschaft und Politik

Die entsprechenden Berechnungen sind aufwendig und in ihrer mathematischen Operationalisierung beeindruckend. Eines darf jedoch nicht vergessen werden: Eintrittswahrscheinlichkeiten jenseits der Glücksspiel-Situation sind nicht auf natürliche Weise einfach so vorhanden. Sie werden nach bestem Wissen und Gewissen von Menschen auf der Basis von Daten aus der Vergangenheit festgelegt. Das geschieht keinesfalls beliebig oder rein intuitiv (Risikospezialisten würden sich zurecht gegen diese Unterstellung verwahren). Was bleibt, ist aber die Einsicht, dass die Risikobetrachtung stets von subjektiven und daher qualitativen Einschätzungen »kontaminiert« ist. Und zwar unabhängig davon, wie präzise die Darstellung auch aussehen mag und wie imposant die Namen der Tools sind, die zum Einsatz kommen. Am Ende sind in der Risikomatrix nur noch Zahlen zu sehen, denen man nicht mehr ansieht, wie viele Annahmen in ihre Berechnung eingeflossen sind.

→ **Risiko im engen Sinne:** Ich weiß genau, was mit welcher Wahrscheinlichkeit passieren wird.

→ **Risiko im weiteren Sinne (Unsicherheit):** Ich weiß aus der empirischen Erfahrung und aufgrund plausibler Annahmen einigermaßen genau, was passieren wird. Die Anzahl der Möglichkeiten zukünftiger Ereignisse ist begrenzt. Ich kann aber nicht sagen, mit welcher Wahrscheinlichkeit diese eintreten.

Ungewissheit: Ich habe keine Ahnung, was überhaupt passieren könnte, geschweige denn kenne ich irgendwelche Wahrscheinlichkeiten.

Auswirkungen von Risiken dieser zweiten Art können einerseits sehr nah an objektiv-logischen Wahrscheinlichkeiten liegen (zum Beispiel Anzahl von Produkten, die in den ersten zehn Sekunden nach einem Stromausfall beschädigt werden). Andererseits besteht auch ein fließender Übergang zu Knights dritter Kategorie, zu den – wenn überhaupt – bloß vermutbaren Wahrscheinlichkeiten, die sich einer Messbarkeit gänzlich entziehen. Hier befindet man sich in der Welt der »True Uncertainty«, also in der Ungewissheit. Ihr kann nur mit (Vor-)Ahnungen und intuitiven Einschätzungen begegnet werden kann. Im Original von 1921 schreibt Knight:

> **[The] more important task is to follow out the consequences of that higher form of uncertainty not susceptible to measurement and hence to elimination. It is this true uncertainty which by preventing the theoretically perfect outworking of the tendencies of competition gives the characteristic form of ›enterprise‹ to economic organization as a whole and accounts for the peculiar income of the entrepreneur.**

Es ist ein interessanter Gedanke, auf diese Weise Unternehmertum zu charakterisieren. Gewinne werden durch das Inkaufnehmen von Ungewissheit legitimiert. Sie sind die Belohnung, sich der Zumutung von Überraschungen auszusetzen.

In vielen Organisationen ist man sich dieses Zusammenhangs zu wenig bewusst. Der Grund: **Ungewissheit ist in den Kernprinzipien von Organisation und Management nicht vorgesehen. Sie muss im Grunde geleugnet werden.** Es muss so getan werden, als hätte man eine klare Vorstellung von der Zukunft. Andernfalls wären die eingeübten und akzeptierten Muster des Steuerns, Kontrollierens und Standardisierens mehr als fragwürdig. Bei der Aufrechterhaltung der Fiktion helfen die »Kunst des Vermutens« und das Jonglieren mit Wahrscheinlichkeiten. Dadurch können Entscheidungen aus verschiedenen Blickwinkeln verglichen und bewertet werden. So kann gegenüber den Stakeholdern der wirtschaftliche Umgang mit Zeit, Geld und Mitarbeitenden unter Beweis gestellt werden. Und nur so kann letztlich der Wirkungsgrad der eingesetzten Mittel ins Verhältnis zum Ergebnis gesetzt werden. Diese Relation bezeichnet man bekanntlich als Effizienz.

→ Ungewissheit ist folglich ein Effizienzkiller.

Genauer gesagt: Ungewissheit als solche zu benennen und sich ihr »hilflos« auszusetzen, käme einer Kapitulation gleich, die man sich nicht leisten kann. Es zählt daher zu den bemerkenswerten magischen Praktiken des Managements, durch kunstvolles Vermuten weiterhin am Ideal der berechenbaren Effizienz festzuhalten.

RISIKEN UND NEBENWIRKUNGEN IM UMGANG MIT RISIKO

Vielleicht wurde Nassim Nicholas Taleb von Frank Knights frühem Werk inspiriert, als er Ende der Nullerjahre über »Schwarze Schwäne« schrieb. Damit werden völlig unwahrscheinliche Ereignisse mit immensen Folgen bezeichnet. Man befindet sich Taleb zufolge in »Extremistan«, also in der Ungewissheit. Daten

Ein Leben auf der Mittelspur!

bringen in dieser Welt nicht viel, weil es extreme Ausreißer gibt. Das in der Managementwelt so verbreitete Denken in Gaußschen Normalverteilungen hat deshalb schlicht keinen Sinn mehr, denn die normalverteilte Glockenkurve beschreibt eine Welt ohne Extremausprägungen. Taleb nennt sie »Mediokristan«. Nur in diesem Wohlfühl-Reservat der Berechenbarkeit gelingt mit der Logik von Daten und Stichproben eine einigermaßen unfallfreie Navigation.

Die Geschichte trauernder Schwäne

Im Jahr 1697 entdeckte der niederländische Seefahrer Willem de Vlamingh am (deshalb von ihm so benannten) Swan River im Westen Australiens schwarze Trauerschwäne. Bis zu diesem Zeitpunkt zweifelte niemand daran, dass alle Schwäne weiß seien. So schrieb schon – nach heutigem Maßstab politisch mehr als unkorrekt – der Satiriker Juvenal, dass eine treue Ehefrau ein seltener Vogel sei – in seiner Seltenheit mit einem schwarzen Schwan vergleichbar. Die Metapher hat also eine lange Tradition und wurde von Taleb zur Beschreibung des Krisengeschehens rund um den Bankencrash in den Jahren 2008/2009 popularisiert.

Das Problem ist nicht, dass Extremistan existiert. Schwarze Schwäne gab es immer. Schwerwiegende Auswirkungen ergeben sich aber, dass – trotz der frühen Warnhinweise Frank Knights – in der Wirtschaftswelt eine erstaunliche Naivität und Ignoranz herrschen. Unverdrossen wird mit Ungewissheit so umgegangen (sofern sie nicht negiert wird), als ob es sich um Risiken handelte. Es wird weitergeplant und weiterprognostiziert.

Die Truthahn-Illusion

Stellen wir uns einen lebhaften Truthahn in den USA vor. Er hat ein schönes Leben, das täglich noch besser wird, denn jeden Morgen kommt ein freundlicher Bauer, der zuverlässig Futter bringt. Mit jedem Tag dieser positiven Erfahrung fühlt sich der Truthahn wohler, auch noch am Morgen des Thanksgiving Day. Aber genau an diesem Tag hilft es ihm nichts, den Trend der letzten 100 Tage fortzuschreiben. Denn er wird nicht mehr gefüttert, sondern geschlachtet. Diese Parabel des berühmten Mathematikers Bertrand Russell macht das Problem klar, das man in einer Vielzahl von Organisationen erlebt. Man unterliegt einer sogenannten kognitiven Verzerrung, die man erst erkennt, wenn es zu spät ist. Dabei war es doch so schön effizient, sich jeden Tag darauf zu verlassen, dass der Bauer das Futter bringt!

Bei aller Erkenntnis macht man weiter wie bisher, muss man vielleicht sogar, um das Spiel mitzuspielen, wäre da nicht dieses arrogant anmutende Achselzucken, wenn wieder einmal ein Trauerschwan für Überraschung sorgt. Eine typische Reaktion.

Kapitulation der Wahrsager?

» **Außerdem gibt es zahlreiche Einflussfaktoren, die sich kaum oder gar nicht mit dem für ökonomische Prognosen relevanten zeitlichen Vorlauf vorhersagen lassen. Dazu zählen beispielsweise geopolitische Veränderungen oder Naturkatastrophen. Wissenschaftlich fundierte quantitative Vorhersagen sind somit in vielen Fällen problematisch …**

Oliver Holtemöller

Professor für Makroökonomik an der Martin-Luther-Universität Halle-Wittenberg.

Fast möchte man rufen: Ach was! Es geht genau darum! Was sind Prognosen wert, wenn sie das Spannende außen vor lassen müssen? Wenn das Auftreten schwarzer Schwäne mit dem Auftreten schwarzer Schwäne entschuldigt wird? Der Soziologe **Harald Welzer** kommentierte während der Coronapandemie:

Religiöse Rituale der Standardökonomie

> »Als die Coronakrise ausbrach, war die Zunft der Ökonomen zwar komplett unfähig, auch nur eine einzige Idee zur Krisenbewältigung vorzulegen, konnte aber flugs ausrechnen, dass die Wirtschaft im vierten Quartal um soundsoviel Prozent wachsen werde, mit Nachkommastelle. Und 2021 um soundsoviel Prozent. Das war zwar falsch, wie meistens, was aber komischerweise nichts macht. Die Standardökonomie betrachtet sich als Wissenschaft und wird auch von der Gesellschaft als solche betrachtet, ist aber nichts anderes als Priestertum. Sie hat Rituale der Verkündung (des Ratschlusses der ›Wirtschaftsweisen‹), Wallfahrten (zum World Economic Forum in Davos) und magische Erklärungen für die Einrichtung der Welt (der Markt hat ...) (...).

Wir sollten keine Energie dafür einsetzen, uns über das Priestertum auf volkswirtschaftlicher Ebene aufzuregen. Auch hier wird nur ein Spiel gespielt, von dem wir längst wissen, dass es keinen Erfolg verspricht.

Wer den Unterschied zwischen Ungewissheit und Risiko ignoriert, hat das Wesen von Überraschungen nicht verstanden.

Die Umdeutung von Ungewissheiten in Risiken ist zutiefst menschlich. Offensichtlich fühlt man sich mit einem Fallschirm, von dem man im Grunde weiß, dass er eine Attrappe ist, immer noch besser, als keinerlei Vorkehrungen für den Ernstfall getroffen zu haben. Und eines darf auch nicht vergessen werden: **Wenn es sich alle im Spiel der Scheinpräzisionen gemütlich gemacht haben, ist der Ausstieg schwierig. Der soziale Druck ist so hoch, dass lieber das neue Outfit des Kaisers gefeiert wird, als seine Nacktheit zu benennen.** Also reicht das Produktmanagement brav die Umsatz- und Ertragsplanung für die nächsten drei Jahre ein und bedient sich dabei immer »besserer« Tools, um sich beim Feierabendbier kollektiv der Sinnlosigkeit dieses Vorgehens zu vergewissern.

Möchten Sie wirklich so weitermachen? Wohl kaum. Setzen Sie sich im Sinne der Strapazierfähigkeit lieber einigen Strapazen aus. Beginnen wir ganz harmlos mit einer ehrlichen Reflexion:

Wir dürften uns einig sein, der große »Schwarze Schwan« in den letzten Jahren war die Corona Pandemie.

- Was war im Frühjahr 2020 anders am Vorgehen als üblich?

- Wo haben Sie experimentiert (oder mussten es gezwungenermaßen tun) – anstatt statt zu planen?

- Waren Sie sich der Ungewissheit bewusst?

- Welche Lessons Learned beherzigen Sie auch heute noch?

- Und bei welchen Themen sind Sie zum bewährten Spiel des Umdeutens von Ungewissheiten in Risiken zurückgekehrt?

Erinnern Sie sich an Situationen, in denen Sie rechtzeitig merkten, dass heute Schlachttag ist? Wie sind Sie dabei vorgegangen?

An welchen Stellen operieren Sie in Ihrem aktuellen Verantwortungsbereich mit Scheinpräzision?

- Was wird Ihnen dadurch erleichtert, welcher Ärger bleibt Ihnen erspart?
- Und welche Chancen vergeben Sie sich dadurch?
- Wie riskant wäre es für Sie, wenn Sie dieses Spiel nicht mehr mitspielten?
- Welche Konsequenzen würden drohen – und wären Sie bereit, diese zu tragen?

Weshalb flüchtet man sich so gerne in die Welt des Risikos und verschließt die Augen vor dem Ungewissen? Ein Grund wurde schon erwähnt: Das Hantieren mit Wahrscheinlichkeiten gehört zum gelernten Repertoire professionellen Managements – auch dann, wenn wir keine Wahrscheinlichkeiten kennen. Ein weiterer Grund hat mit der Sehnsucht nach Rationalität zu tun. Denn Risikoabwägungen, so zweifelhaft sie auch sein mögen, werden deshalb vorgenommen, weil man vernünftig entscheiden möchte. Rationalität scheint umso unerreichbarer, je mehr man das Gebiet der berechenbaren Risiken verlässt.

Mit Rationalität beziehungsweise ihrem Fehlen befassen wir uns in diesem Buch immer wieder. Etwa im fünften Experimentierfeld und noch intensiver im sechsten.

In einer Welt, die von Überraschungen geprägt ist, denen man nicht mehr mit Marktabschottung, Lobbyismus und dem Ausweichen auf andere Märkte begegnen kann, gilt es, sich von einer berechenbaren Zukunft zu verabschieden. Zumindest ein bisschen!

Dem Zukunftsblick misstrauen: Raus aus den Scheingewissheiten

Bei der Heiler Glas GmbH im baden-württembergischen Waghäusel stellte man sich eine zentrale Frage: »Wie sichern wir unsere Existenz in einer unvorhersehbaren Welt?« Die Antwort ist für ein Unternehmen, das erfolgreich sehr handfeste Produkte aus Glas produziert, zum Beispiel hochwertige Duschwände und Raumteiler, noch viel ungewöhnlicher: Die Belegschaft hat sich darauf geeinigt, nicht blind auf die (scheinbare) Sicherheit einer Finanzplanung zu setzen. Stattdessen wird immer auf das »Ist« geschaut. Im Gespräch mit Stephan Heiler, dem formellen Geschäftsführer, der sämtliche Hierarchien abgeschafft hat, wird klar, was das heißt: »Wir schätzen es, überlegt zu handeln, aber wir misstrauen der Vorwegnahme der Zukunft. Wir haben festgestellt, dass Prognosen, Absatzziele und vorhergesagte Preisentwicklungen mit der dann tatsächlich eintretenden Wirklichkeit wenig zu tun haben. Wir

planen sehr wohl unsere Finanzen. Das Besondere ist aber, dass wir bei aller Planung nicht der Illusion verfallen, dass die Zukunft auch exakt so eintreten wird. Deshalb gießen wir unsere Planung nicht in feste Budgets, sondern prüfen stets unsere aktuelle Ist-Situation und passen unsere mittel- und langfristige Planung an.«
Darüber hinaus gibt es bei Heiler genau das nicht, was in einer ungewissen Welt für vermeintliche Gewissheit sorgt:

- Strategische Pläne und
- daraus abgeleitete Absatz-, Umsatz- oder Kostenvorgaben,
- Zielvereinbarungsgespräche,
- Bonusvereinbarungen und variable Vergütung (auch nicht im Vertrieb),
- Abteilungs-, Bereichs- und Teambudgets.

Stattdessen:

- Transparenz über aktuelle Umsätze, Aufwände und Deckungsbeiträge,
- regelmäßige Berichte über die Reklamationsquote,
- Übersicht über die Verkaufsentwicklungen in den einzelnen Segmenten,
- Betriebsversammlungen, in denen strategische und strukturelle Fragen gemeinsam entschieden werden.

MUSTERBRUCH

Der Musterbruch ist zuerst einmal dort nicht angebracht, wo sich mit gutem Gewissen und ohne Scheinpräzision Risiken berechnen lassen. Es wäre fahrlässig, drohende Gefahren durch Produktions- und Personalausfälle oder Unfall- und Ausfallrisiken in der Energieversorgung nicht zu beziffern.

Richtig widerstehen soll pragmatischerweise damit beginnen, im eigenen Umfeld nach jenen unterkomplexen Ritualen zu fahnden, die sämtliche Vorgänge fahrlässig auf das Maß von Mediokristan reduzieren und Ungewissheiten ausblenden.

> **Fine-tuning lohnt sich, wenn die Welt stabil ist, nicht aber unter Ungewissheit.**
>
> Gerd Gigerenzer

Psychologe und emeritierter Direktor am Max-Planck-Institut für Bildungsforschung.

Man muss damit aufhören, das Falsche noch präziser zu tun. Und man muss damit aufhören, sich mit imposanten Scheingenauigkeiten gegenseitig anzulügen.

Kosten der Scheinpräzision

Machen Sie sich die Mühe und beschaffen sich aus dem Firmenarchiv die strategischen Ziele und Absatzprognosen von vor zehn Jahren. Nehmen Sie einen Vergleich mit der eingetretenen Realität vor. Bestimmen Sie das Delta, schmunzeln Sie über die »Qualität« der Vorhersagen und konfrontieren Sie die Chefin oder den Chef der Unternehmensentwicklung mit der Analyse. Schätzen Sie zudem den jährlichen Aufwand in Personentagen, der mit der Erstellung dieser Analysen verbunden ist.

Wenn es jedoch so ist, dass das reine Risiko der Ausnahmefall im Casino oder in einer Laborsituation ist, wird ein erweitertes Verständnis von Rationalität benötigt. Genau dafür plädieren wir. Es muss die Möglichkeit geben, jemandem, etwa bei einer Entscheidung, auch dann Rationalität zuzubilligen, wenn keine Daten, Stichproben und Wahrscheinlichkeiten im Spiel sein können – wenn es also ungewiss zugeht.

Entscheidungen gelten gemeinhin als vernünftig, wenn sie theoretisch fundiert sind, sich auf bewährtes Wissen stützen und mit der empirischen Erfahrung im Einklang stehen. Es geht um Grundsätzliches und Allgemeingültiges. Wer rational handelt, hat alles bedacht und kann sich für eine richtige, begründbare Handlung entscheiden. Doch es kann durchaus vernünftig sein, sich auf intuitiv gewonnene Erkenntnisse oder auf narratives Wissen zu verlassen.

» Der Umgang mit Überraschungen erfordert Klugheit im Augenblick.

Tief getaucht

Der bekannte Management(vor)denker James G. March schlägt Organisationen und dem Management vor, sich neben der von einer Effizienzlogik geprägten Vernunft eine »Technologie der Torheit« zu leisten. Also Dinge zu tun, für die man erst einmal keinen guten Grund hat. Das soll nicht zum Dauerzustand werden, aber von Zeit zu Zeit sollten Ideen spontan und undurchdacht umgesetzt werden.

» Wenn Organisationen wirklich intelligent werden wollen, müssen sie lernen, sich Torheit zu leisten.

James G. March

Was bedeutet das für die Organisationspraxis? Wir sind davon überzeugt, dass in Organisationen die »Vernunft im Augenblick« provoziert werden muss. Es müssen Situationen geschaffen werden, die den Umgang mit »Extremistan« erforderlich machen, weil es kein Drehbuch gibt, in dem die Führungskräfte und Mitarbeitenden nachlesen könnten. Benötigt werden Zonen des Ungeregelten – als Trainingslager für den Umgang mit Überraschungen. Gefordert sind Organisationen, die sich auf kluge Weise selbst stressen.

Dieser Art von Vernunft widmen wir uns im letzten Experimentierfeld ausführlich.

Stressoren willkommen!

Schaffen Sie übliche Praxis von Kündigungsfristen und von Übergaben zwischen ausscheidenden Mitarbeitenden und deren Nachfolgenden ab. Etablieren Sie eine Idee, wie sie bei der allsafe GmbH, einem Mittelständler in Engen am Bodensee, konsequent praktiziert wird. Sie lautet: asymmetrische Kündigungslogik. Wem gekündigt wird oder wer selber kündigt, wird sofort freigestellt und erscheint am nächsten Tag nicht mehr in der Firma, wird aber gemäß der vertraglichen Frist korrekt weiterbezahlt. Mit der Prozedur der Übergabe werden die vermutlich kaum noch motivierten Ausscheidenden nicht behelligt. Das Unternehmen verzichtet auf den vielzitierten Wissenstransfer – und bringt sich in eine Stresssituation.

Trainerwechsel vor der Deadline: Tauschen Sie in der heißesten Projektphase die Projektleiterin innerhalb eines vorher festgelegten Pools an Personen nach dem Zufallsprinzip aus.

Systematischer Personentausch:

In welchen Projekten oder Routinetätigkeiten haben Sie Mitarbeitende oder Führungskräfte, die Sie ohne rechtliche Konsequenzen austauschen können?

Wie groß ist die (wirtschaftliche) Gefahr für die Organisation, wenn Sie hier scheitern?

Wie groß ist der Aufwand für Sie – und was kostet das Experiment die Organisation?

Welche Themen sind am ungefährlichsten?

Wen müssen Sie einbeziehen? (BR, HR etc.)

Lassen Sie Ihr Gedankenexperiment für 48 Stunden ruhen. Befassen Sie sich mit anderen Themen und denken Sie möglichst nicht daran. Entscheiden Sie sich dann, wen Sie spontan austauschen wollen.

Üben Sie die Krise: Verlegen Sie den Termin für eine interne Präsentation um 48 Stunden nach vorne.

Laden Sie regelmäßig Auszubildende zu Besprechungen von Themen ein, die zuvor bereits intensiv von den jeweiligen Experten diskutiert wurden. Lassen Sie die jungen Leute auf der Grundlage eines knappen Briefings die nächsten Schritte definieren und setzen Sie diese in einem bestimmten Bereich experimentell um. Fragen Sie nicht nach einer Begründung durch Zahlen oder Statistiken und ertragen Sie die »Klugheit der Intuition«.

Erzeugen Sie »Random Blackouts« und »Einbrüche in die Wirklichkeit«, allerdings nur solche, die keine Kundenbeziehungen gefährden: »zufällige« Ausfälle von Raumbelegungssystem, Management-Cockpits etc.

Sabotage auf höchster Ebene: Lassen Sie einmal monatlich nach dem Zufallsprinzip die reservierten Parkplätze für das Top-Management sperren.

Unbeauftragt: Schaffen Sie alle Beauftragten ab, für die es keine zwingende gesetzliche Notwendigkeit gibt – und beobachten Sie, an wen und in welcher Form sich die Mitarbeitenden mit ihren Anliegen wenden.

Stille Helden der Prävention

Üblicherweise erlangen in Organisationen diejenigen Heldenstatus, die furchtlos reorganisieren, den Laden aufräumen und eine Krise meistern – nachdem ein Schaden entstanden ist. Suchen Sie in Ihrem Unternehmen nach stillen Helden, die Entscheidendes verhindert haben, aber dafür nie gefeiert wurden. Prävention wird selten gewürdigt, wie das Präventionsparadoxon zeigt. Schließlich passiert ja nichts. Rekonstruieren Sie die jeweilige Geschichte und sprechen Sie mit diesen Menschen, wie und bei welcher Gelegenheit sie auf die Idee gekommen sind, im Vorfeld an der Strapazierfähigkeit zu arbeiten.

Jetzt wird's ernst! Strapazierbare Handlungs- und Experimentierfelder

ELIMINIEREN

Welche naiven Zukunftsabschätzungen lasse ich ab sofort konsequent weg?

STÄRKEN

In welchen Fällen haben wir erfolgreich spontan auf den Zufall reagiert – und was sollten wir daraus lernen?

REDUZIEREN

An welchen Stellen reduziere ich den Planungsaufwand, da ich einerseits weiß, dass er sich bisher kaum auszahlte, ich aber andererseits einen Plan zur Legitimation benötige?

KREIEREN

Wo beenden wir mutig das gängige Spiel der Planung und Risikoabschätzung, um uns allen neue Erfahrungen zu ermöglichen?

EXPERIMENTIERFELD 2

RAUS AUS DER SELBSTBESCHÄF-TIGUNGSZONE

Weshalb das Fenster der Strapazierfähigkeit sich nur öffnet, wenn man nie den eigentlichen Zweck einer Organisation aus den Augen verliert, warum es zwei Zonen der Zweckverfehlung gibt und was Sie im Check zum Zweck tun können, um nicht in die Selbstbeschäftigungsfalle zu tappen.

»Das Parkinsonsche Gesetz besagt, dass jeder Angestellte wünscht, die Zahl seiner Untergebenen, nicht jedoch die Zahl seiner Rivalen zu vergrößern. Und dass sich Angestellte gegenseitig Arbeit schaffen.«

Während des Spanischen Bürgerkriegs wurden in den 1930er-Jahren alle Büroangestellten in Barcelona entlassen. Der Grund: Man wollte Mitkämpfer rekrutieren. Nach dem Generalrauswurf erhielten allerdings diejenigen sofort ihre alte Anstellung zurück, deren Arbeit tatsächlich vermisst wurde. Es war nur jeder Fünfte.

Oder: Es wurden nur 20 Prozent gebraucht!

Wie viele Plätze würden in Ihrer Organisation leer bleiben?

Welche Organisationseinheit wäre davon besonders betroffen?

Wäre Ihre unmittelbare Führungskraft dann noch da?

Wen würde man in einem Jahr vermissen und wieder zurückholen?

Die Geschichte stammt von **David Graeber**, dem 2020 verstorbenen Kulturanthropologen, der sich zeitlebens zum Anarchismus bekannte. Er erinnerte sich an diese Episode aufgrund der Erzählungen seines Vaters, der selbst im Bürgerkrieg kämpfte. In der Managementwelt wurde Graeber vor allem durch seinen Bestseller **»Bullshit Jobs«** bekannt. Mit dem Titel meinte er jene Form bezahlter Anstellung, die so vollkommen sinnlos, unnötig oder gefährlich ist, dass selbst der- oder diejenige, die sie ausführen, ihre Existenz nicht rechtfertigen können. Merken Sie sich diese Definition, wir kommen später auf das Phänomen der Bullshit Jobs zurück.

ZWECKDIENLICH: WAS IST DIE EXISTENZBERECHTIGUNG VON ORGANISATIONEN?

Springen wir direkt ins eiskalte Wasser des Fundamentalen: Was ist der eigentliche Zweck von Organisationen? Er ist gemeinhin der Grund, warum man etwas tut. Er steht für die Existenzberechtigung eines Unternehmens. Stellen Sie sich **ineinander geschachtelte Matrjoschkas** vor, die bekannten russischen Holzpuppen, in denen sich jeweils immer kleinere Ausgaben verbergen, wenn man sie nacheinander öffnet. Als Zweck könnte man die kleinste und – in diesem Bild – wichtigste Matrjoschka begreifen, in die keine weitere mehr hineinpasst. Sie ist die Wurzel, der Kern, der Urgrund für das Betreiben von Geschäften mithilfe einer Organisation. Philosophen würden vielleicht von einer Letztbegründung sprechen. Visionen, Ziele und alles andere, was sonst noch in der Diskussion über das Fundament einer Organisation auftaucht, befinden sich in den größeren und nachrangigeren Matrjoschkas.

Und was ist der Zweck Ihrer Organisation?

Manchmal helfen einfache Bilder, um in einem Gewirr von Begriffen – man denke exemplarisch an Purpose oder Sinn – einigermaßen klar zu sehen und zumindest einen Fixpunkt in der Unübersichtlichkeit zu finden. Und um sich auf das zu besinnen, worauf es in Organisationen am Ende ankommt. Übrigens war es der gebürtige Wiener Peter F. Drucker, der 1954 schon dazu ermahnte, das Wesentliche nicht aus den Augen zu verlieren. Als hätte die Managementlegende geahnt, dass 70 Jahre später auf den einschlägigen Businessnetzwerken die Unternehmen beim Sinnieren über den Sinn in einen Wettbewerb eintreten, dass bei Brown-Bag-Lunches hitzig über Purpose diskutiert wird und dass Arbeitgeber gefeiert werden, wenn sie endlich Hunde am Arbeitsplatz zulassen.

Wir halten es für mehr als angebracht, eine stumpfe Rendite- und Shareholder-Value-Denke zu überwinden. Und wir befürworten ebenso, dass Unternehmen sich der Diskussion über den Sinn individueller Tätigkeiten stellen und entsprechende Bedürfnisse ernst nehmen. Aber es hilft alles nichts: Der Zweck einer Organisation ist nicht zu hintergehen.

Was also sagt Peter F. Drucker? Im fünften Kapitel von »The Practice of Management« stellt er unaufgeregt fest:

> **» If we want to know what a business is we have to start with its purpose. And its purpose must lie outside the business itself. (...) There is only one valid definition of business purpose: to create a customer.**

Und weiter:

> **It is the customer who determines what a business is. For it is the customer, and he alone, who through being willing to pay for a good or for a service, converts economic resources into wealth, things into goods. (…) The customer is the foundation of a business and keep it in existence.**

Formulieren wir es bewusst platt: **Ohne den Kunden ist alles nichts!** Was wie der Vortragstitel eines Vertriebsseminars aus den 1990er-Jahren klingt, ist schlicht und einfach wahr. Auch wenn wir sonst für Differenzierung und Begriffsarbeit werben, ist in diesem Fall eine Zuspitzung sinnvoll. Das zeigte sich jüngst im nationalen Wirtschaftsgeschehen anhand eines Vorkommnisses, das für einen Aufschrei sorgte. Am 11. Dezember 2023 und in den Folgetagen schaffte es die Deutsche Bahn problemlos in die Newsfeeds und auf die Titelseiten der Leitmedien. Der Stein des Anstoßes: Bonuszahlungen an den Vorstand in Höhe von fünf Millionen Euro für 2022. Das ist, vorsichtig gesagt, sehr speziell. Schließlich erhalten die Bahnvorstände hohe Boni, obwohl die Unternehmensziele »Pünktlichkeit« und »Kundenzufriedenheit« wieder deutlich verfehlt wurden. Der wesentliche Grund liegt darin, dass in zwei bonusrelevanten Feldern Bestnoten erzielt wurden: Die Ziele »Zufriedenheit der Mitarbeitenden« und »Frauen in Führungspositionen« wurden klar erfüllt!

Lerneffekt? Die Vorstände der Deutschen Bahn erhalten für das Jahr 2023 keine Boni. Künftig sollen sich die Zahlungen stärker an langfristigen Zielen orientieren.

Uns geht es nicht um die seit Jahren geführte Diskussion, ob individuelle Ziele und entsprechende Bonuszahlungen nicht Relikte aus längst vergangenen Zeiten sind, die auf bizarre Weise bis heute überlebt haben. Und wir wollen auch nicht die moralische Frage erörtern, ob grundsätzlich die Höhe von Managervergütungen angemessen ist. Unser Blickwinkel ist ein anderer: die Ausschüttung der Boni wurde mit der Erreichung organisationsinterner Ziele begründet. Das ist Selbstreferenz

Die interne Referenz wird zum Maß aller Dinge.

par excellence! Ganz offensichtlich scheint es nicht so schlimm zu sein, dass nicht einmal 60 Prozent der Fernzüge pünktlich sind – solange die Angestellten zufriedener sind und mehr Führungspositionen von Frauen besetzt werden.

Die beiden genannten Ziele sind selbstverständlich relevant und sinnvoll. Aber sie haben zunächst überhaupt nichts mit der Kernaufgabe zu tun, für eine reibungslose Mobilität auf der Schiene zu sorgen. Es spielt offensichtlich keine Rolle, dass die kleinste, aber wichtigste Matrjoschka ignoriert wird.

Dieses Beispiel steht eindrucksvoll für ein Muster, das sich durch die gesamte Unternehmenslandschaft zieht. **Es ist die zweifelhafte Kunst, sich (mit sich) selbst zu beschäftigen und den Zweck aus den Augen zu verlieren.**

Man muss an dieser Stelle ein wenig tiefer bohren – wie immer, wenn es spannend wird. So ließe sich in der Causa »Bahn-Boni« anführen, dass Zufriedenheit und Frauenquote indirekt auf den Zweck einzahlen. Wir wären dann bei einer **Um-zu-Argumentation**: Wer zufrieden und motiviert ist, wird in seinem Tätigkeitsbereich – und vielleicht sogar darüber hinaus – alles dafür tun, dass die Züge pünktlich sind. Und mehr Frauen in Führungspositionen erhöhen die Qualität der Managemententscheidungen. Im Falle eines Großkonzerns wäre zwar die Kausalkette mitunter beliebig lang, wenn man an die Um-zu-Verbindungen zwischen den Tätigkeiten eines Buchhalters und einer Fahrdienstleiterin denkt. Das spräche jedoch nicht grundsätzlich gegen das Argument, und wir können und wollen es auch nicht entkräften.

Wichtiger erscheinen uns das Fehlen einer konsequenten Zweckorientierung und damit, wir denken an Peter F. Drucker, einer Orientierung nach außen – zu den Kunden hin. Aber ist es nicht seltsam, dass es an der Orientierung an dem, was

»outside the own business« liegt, mangelt? Diesbezüglich ist das Bahnbeispiel nur ein austauschbarer Platzhalter, wenngleich ein dankbarer.
Denn sicherlich hätten auch Sie eine Menge zu erzählen, wenn es um Beispiele geht, in denen die Kunden bestenfalls in der zweiten Reihe stehen. **Warum also diese Beschäftigung der Organisation mit sich selbst?** Weshalb diese Orientierung nach innen, obwohl wirklich jede Organisation von Kundenorientierung oder Kundenzentrierung spricht (ja, es gibt einen Unterschied, aber der ist hier nicht von Belang) – und permanent entsprechende Maßnahmen verkündet?
Sechs Jahre nach dem Erscheinen von Druckers »Practice of Management« legte Harvard-Professor **Theodore Levitt** 1960 einen ebenfalls zum Klassiker gewordenen Artikel vor, der eine erste Antwort darauf gibt. Levitt rechnete mit der **»Marketing Myopia«** ab, die er zur damaligen Zeit diagnostizierte. Kurzsichtig war nach seiner Einschätzung das Handeln von Unternehmen, die nach allen zur Verfügung stehenden Mitteln zunächst das Produkt und seine Herstellung und erst danach den Kunden in den Blick nehmen.

> **» In order to produce these customers, the entire corporation must be viewed as a customer-creating and customer-satisfying organism. Management must think of itself not as producing products but as providing customer-creating value satisfactions. It must push this idea (and everything it means and requires) into every nook and cranny of the organization. It has to do this continuously and with the kind of flair that excites an stimulates the people in it. Otherwise, the company will be merely a series of pigeonhold parts, with no consolidating sense of purpose or direction.**

Ebenso kurzsichtig erschienen ihm die Anstrengungen, schnelle Gewinne zu erzielen, anstatt die Voraussetzungen für langfristiges Wachstum zu schaffen. Heute, Abertausende von Büchern und Artikeln ähnlichen Inhalts später, mag man schmunzeln über das, was damals von Levitt angeprangert wurde. **Schließlich haben wir die Lektionen nun wirklich alle gelernt, oder? Wir behaupten nicht das Gegenteil, haben aber Zweifel und wollen inmitten diverser Fehlsichtigkeiten genauer hinschauen.** Das hat übrigens Levitt selbst 15 Jahre nach dem Erscheinen seines in der Praxis vielbeachteten Artikels getan, den er in der Rückschau als aufrüttelndes und bewusst zugespitztes Manifest verstanden haben wollte – und nicht als ausgewogene Analyse. 1975 also, in diesem von ihm kommentierten Neuabdruck, trifft Levitt genau den Kern dessen, was sich heute noch mit Unbehagen beobachten lässt, vielleicht sogar mehr denn je.

Spieglein, Spieglein an der Wand, wer spielt den Kundenorientiertesten im ganzen Land?

» **They *thought they* were looking out the window of the customer, but it was actually a mirror – a reflection of their own product-oriented biases rather than a reflection of the customers' situations.**

Diese Diagnose ist aus unserer Sicht absolut zutreffend. Es wurde zwar in den vergangenen Jahrzehnten alles getan, um die Kunden, man möchte fast ein Phrasenschwein aufstellen, »in den Mittelpunkt allen Bemühens zu rücken«. Sämtliche Prozesse, mitunter das Design der gesamten Organisation, sollten darauf ausgerichtet werden, was am Ende Zweck der ganzen Veranstaltung ist. Aber die Realität sieht heute immer noch anders aus. Häufig werden Customer Journeys nur auf der Vorderbühne inszeniert, auf der Hinterbühne denken Produzenten und Handel nach wie vor in der Produktions- und Distributionslogik. In Levitts Worten: **Man glaubt, den Kundenblick einzunehmen, lässt sich aber von der eigenen produktorientierten Voreingenommenheit auf eine falsche Fährte lenken.** Oder aber, damit zusammenhängend, auf die Fährte einer umfänglichen Prozessorientierung, die am Ende die Erfüllung des Unternehmenszwecks bedroht.

ERSTE ZONE DER ZWECKVERFEHLUNG: ÜBEREFFIZIENZ IN DER KUNDENBETREUUNG

Das gewisse Nichts durch ineffiziente Pseudo-Kundenorientierung

Gemäß dem anhaltenden Branchentrend reduzieren Banken und Sparkassen nach wie vor die Anzahl ihrer Filialen. Gab es 2010 noch etwas mehr als 40 000 rechtlich selbstständige Kreditinstitute inklusive ihrer Zweigstellen, waren es zwölf Jahre später nur noch knapp 26 000.
Da können wir ein Lied mitsingen. Die Filiale, bei der wir unsere Geschäftskonten führen, war ebenfalls von dieser Bereinigung betroffen. In der Folge und im Sinne einer (zumindest für das Kreditinstitut!) effizienteren Bearbeitung müssen die Kunden ihre Anliegen online lösen. Doch für manche Themen, die nicht zu den vorgegebenen Gesprächsanlässen und Problemlagen im Drop-down-Menü passen, benötigt man einen direkten persönlichen Kontakt, der über einen Link auf dem Serviceportal hergestellt werden kann. Eine nette und kompetente Mitarbeiterin, Frau M., nahm sich unseres Themas an, mehrere Mails wurden ausgetauscht. Schließlich war ein Telefonat unabdingbar. Da Frau M. ihre Telefonnummer nicht weitergeben

durfte, mussten wir den Button »Bitte um Rückruf« drücken. Immerhin war Frau M. nun vorübergehend für uns zuständig. Sie rief an, nach einigen Ping-Pong-Kontakten und dem Hochladen der Formulare auf das Portal war schließlich alles geklärt.
Aufgrund der guten Betreuung fragten wir, einigermaßen naiv, ob wir nicht in Zukunft unsere Anliegen immer mit ihr besprechen könnten. Frau M. bedauerte, dass sie uns das nicht anbieten könne, aber wir hätten ja nun zumindest ihre Mailadresse. Und es könne uns niemand verbieten, sie direkt zu kontaktieren. Dann schwärmte Frau M., die tausend Meter von unserem Büro entfernt in ihrem Homeoffice arbeitet, wehmütig von vergangenen Zeiten, in denen sie die Kunden noch persönlich kannte und deren Anliegen unkompliziert und vor allem schnell lösen konnte.

Die Gefahr solcher Anekdoten, von denen Sie sicherlich einige zu erzählen hätten, liegt darin, technikfeindlicher Nostalgie verdächtigt zu werden. Doch es ist keine sozialromantische Sehnsucht nach alten Tante-Emma-Zeiten. Es ist vollkommen klar, dass Bankfilialen mit einer konstanten Betreuung durch eine Person sowohl teuer als auch in vielen Fällen nicht erforderlich sind. Durch Online-Banking und Chatbots können viele Commodity-Prozesse tatsächlich einfacher abgewickelt werden. Aber dennoch ist festzustellen: In diesem Fall hat die Bank ihren Existenzzweck nicht erfüllt. Und, fast tragisch, unser Anliegen wurde absolut ineffizient gelöst – mit zeitfressendem Ressourcenverlust auf Unternehmens- und Kundenseite. Die Tragik entsteht durch das Auseinanderdriften von Systemauslegung und Systemwirkung im Zeitverlauf:

Auf Effizienz getrimmte Prozesse produzieren durch wiederholte Zweckverfehlungen erhebliche Ineffizienzen.

Gibt es in Ihrer Organisation »Haltepunkte«, wenn ineffiziente Zweckverfehlungen entstehen?

Oder lässt man die Prozesse einfach unbeeindruckt weiterlaufen? Haben Sie dafür Beispiele?

Gibt es überhaupt Menschen, die das bemerken könnten?

Wie werden diese Mahner und Kritikerinnen behandelt? Werden Sie gehört und ernst genommen oder als ewiggestrige Prozessverweigerer betrachtet?

All das hat kaum etwas mit der Forderung von Theodore Levitt zu tun, dass »jeder Winkel und jedes Versteck« in der Organisation von einem Geist durchdrungen sein muss, der Kunden anzieht und zufriedenstellt. Und ebenso wenig damit, dass ein »Flair« vorhanden sein soll, der Mitarbeitende begeistert und anregt. Wir sind uns ziemlich sicher, dass Frau M. ihrem Arbeitgeber etwas ganz anderes attestieren würde.
An diesem kleinen Beispiel lässt sich ablesen, wie schnell in der großen Show der Kundenzentrierung Lose-Lose-Situationen entstehen können. **Ein derart starres Gerüst aus Prozessen, die es dem Kunden leichter machen sollen, ist untauglich, mit Überraschungen umzugehen.** Und demzufolge nach unserer Definition maximal weit entfernt vom Fenster der Strapazierfähigkeit. Moment mal! An dieser Stelle müssen wir wegen eines Komplexitätsverdachts genauer hinschauen. Denn wer ist in strategischer Hinsicht der wirklich wichtige Kunde? Die wenig zweckdienliche Kundenbetreuung mag ein Ärgernis für uns gewesen sein. Aber ist den meisten Banken das Brot- und Buttergeschäft nicht am Ende egal, weil das Geld ohnehin mit Investment Banking und Wealth Management verdient wird? Ist es also nur ein Aufreger des kleinen Kunden, der sich vernachlässigt fühlt? Mag sein, aber dann darf man seitens des Unternehmens nicht alles gleichzeitig wollen. Die Strategien müssten

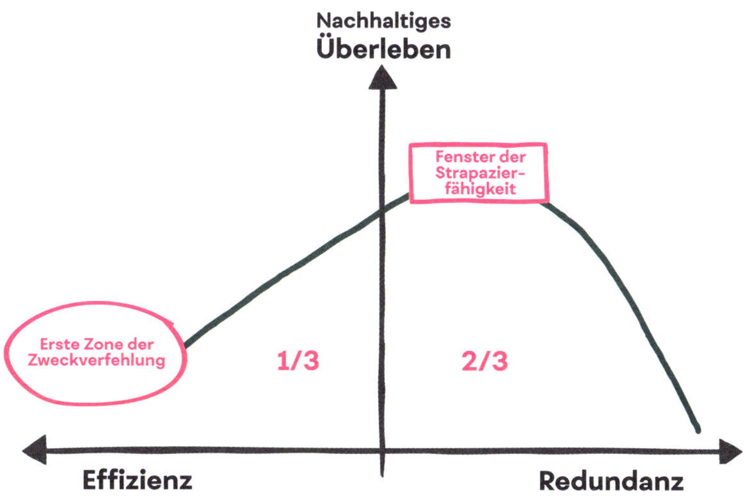

»spitz« formuliert sein und nicht über den tatsächlich fokussierten Zweck hinwegtäuschen. Wer vorgibt, für alle Kundengruppen gleichermaßen da zu sein, wird beliebig und austauschbar. Daher darf es nicht überraschen, dass Leitbilder branchenunabhängig zu nahezu hundert Prozent deckungsgleich sind.

Haben Sie den Mut zu definieren, welchen Zweck Ihre Organisation nicht erfüllt!

Klarer Zweck: Elchtest der Strapazierfähigkeit bestanden

Die schwedische Handelsbanken ist seit den 1970er-Jahren Vorreiterin, wenn es darum geht, das Prinzip der dezentralen Verantwortung konsequent zu leben. Man gibt dem Levittschen Flair konsequent eine Chance. So ist das Kreditinstitut bekannt dafür, dass es seit jeher auf Budgets und Bonussysteme verzichtet. Der Erfolgsmaßstab ist nicht die (Höhe der) Erfüllung vorab definierter oder ausgehandelter Sollgrößen, sondern **ausschließlich der Vergleich mit einer Peergroup** von Banken in der Region im Hinblick auf Return on Equity, Cost Income Ratio und Kundenzufriedenheit. Konsequenterweise gibt es auch **keine klassischen Anreizsysteme für die Mitarbeitenden**. Die Filialen mit ihrer maximal dezentralen Verantwortung sind nach wie vor entscheidend. Der direkte persönliche Kontakt mit den Kunden steht unumstritten an erster Stelle. Beobachter in der Finanzwelt sind irritiert, weil man sich weiterhin den Mainstream-Mustern (Zentralisierung, Filialenbündelung, »Online first« etc.) verweigert. Der ehemalige CEO Anders Bouvin sagte uns im persönlichen Gespräch: »Wenn du das Ziel hast, immer deine Mitbewerber zu schlagen, könnte es sinnvoll sein, ihnen nicht immer zu folgen. Denn wenn du immer das tust, was sie tun, bist du bestenfalls so gut wie sie.«

Die konsequente Marktbearbeitung durch eigenständig agierende Filialen bei gleichzeitiger Priorisierung des persönlichen Kundenkontakts steht nicht für ein Late-Follower-Versagen. Denn seit über 40 Jahren hat die Bank den Return-on-Equity-Vergleich mit der Konkurrenz stets gewonnen. Für die Unternehmensumwelt ist man sehr anschlussfähig an solche Kunden, für die der persönliche Kontakt relevant ist, sowie für Mitarbeitende, die eigenverantwortlich arbeiten wollen und Konkurrenz im Verhältnis zum Markt und nicht zu den Kollegen begreifen.
Die goldene Regel lautet: **Wer mit dem Kunden spricht, kann entscheiden.** Es liegt an den Filialmanagern, welche Produkte den Kunden angeboten werden und wie mit ihnen zusammengearbeitet wird. Es gibt keinerlei Vorgaben von der Zentrale. Demzufolge hat jede Filiale ihre eigene Webseite mit lokalen spezifischen Inhalten und Angeboten. Zudem wird jede Aufdringlichkeit in der Kundenbetreuung vermieden – Direktansprachen und Promotions gibt es nicht.
Stattdessen geht es ausschließlich um die langfristige Kundenbeziehung und um den nachhaltigen Profit. Diese Zurückhaltung wird von den Kunden sehr geschätzt, wie die Kundenzufriedenheitsanalysen eines externen Dienstleisters ein ums andere Mal zeigen. Ein wesentlicher Grund ist das Prinzip, dass Kunden der Handelsbanken nie mit jemandem sprechen, der nicht entscheiden kann. In einer Filiale in Stockholm sagte uns eine Führungskraft: „In meiner Funktion als Teamleiterin kann ich über die Vergabe von Krediten in beträchtlicher Höhe verfügen. Auch wenn du keine Teamleiter-Rolle hast, aber etwas länger dabei bist, entscheidest du hier bis zu gewissen Volumina selbst. Wir sind verantwortlich für alles, was mit dem Kunden zu tun hat."

Strukturen, die echte Kundenbeziehung möglich machen – und gespielte verhindern.

Selbstverständlich geht es auch um Profit. Kundenorientierung ist schließlich kein Selbstzweck. Allerdings erhalten die Mitarbeitenden von Handelsbanken die Möglichkeit, kompetent über das zu urteilen, was den Kunden den meisten Nutzen bringt. Andernorts startet man Kampagnen, in denen beteuert wird, wie sehr man den Kunden liebe oder ihn zukünftig lieben wolle – und meint damit lediglich einfallsloses Push-Marketing. In Stockholm spricht man nicht von Liebe, aber es fühlt sich – vielleicht genau deshalb – fast danach an.

» Der beste Purpose ist das Gefühl, durch den eigenen Leistungsbeitrag dem Kunden einen Mehrwert bieten zu können.

Keine Sorge, wir wollen nicht die analoge Welt feiern. Vielmehr bleiben wir beharrlich bei der kleinsten Matrjoschka, dem Zweck der Organisation. In Stockholm fand er auf bemerkenswerte Weise Beachtung, in der von uns erlebten Bankepisode weniger. Doch natürlich können Kunden auch mithilfe künstlicher Intelligenz ins Zentrum gestellt werden.

Genau das haben wir bei einem Experiment erlebt, das bei der Helvetia-Versicherung in Basel ablief. Vor einigen Jahren begann man, in der Kundenbetreuung den Chatbot »Clara« zu erproben. Mit ihm war es bereits vor drei Jahren möglich, Schadensfälle und weniger komplexe Anliegen bearbeiten zu lassen.

Florian Nägele, Projektleiter und Initiator, berichtet, weshalb das Experiment gelang und nun in einem Folgeschritt mit einer weiterentwickelten Version von »Clara« auf ChatGPT-Basis weitergeführt wird. Seine Erfahrungen zeigen, dass es ohne einen bewussten Verzicht auf Effizienz nicht gelingt, bei der Zweckverfolgung auf klarem Kurs zu bleiben und nicht in die Selbstbeschäftigungsfalle zu tappen. Denn genau das stand zum Beginn des Experiments im Vordergrund: »Wir müssen die Organisation nicht nach innen retten, sondern im Außenverhältnis die Kundenbeziehung«, das sei das klare Statement, sagt Nägele. Die Ausgangsfrage lautete: »Wie schaffen wir es, dass Kunden nicht mehr ans Kündigen denken?«

WAS SIND DIE LEARNINGS AUS DEM EXPERIMENT?

- Es müssen **»Wild Cards«** erteilt werden: freie Radikale im Unternehmen sind zwingend zuzulassen, wenngleich durch ein klares Backing von »ganz oben«.
- Es darf **keine Quantifizierung** des erwarteten Nutzens erzwungen werden: keine pseudopräzise Erstellung von Business Cases, die zwangsläufig auf der Grundlage nahezu beliebiger Annahmen erstellt werden müssten.
- Der **Angriff auf die vorhandene Kernkompetenz** muss positiv umgedeutet werden: die Führungskräfte wurden sich bewusst, dass sie nicht aus der Kundenbetreuung entfernt werden, sondern sich denjenigen Aufgaben im Kundenkontakt widmen, die andernfalls (ohne Chatbot) von den personellen Ressourcen her nicht mehr geleistet werden könnten.
- Das Experiment darf nicht abgeschottet werden. Vielmehr muss offensiv nach außen experimentiert werden: **Der Kunde wurde in der aktuellen Version zum Bestandteil des Experiments** gemacht, es wurde offen gesprochen, dass es sich noch nicht einmal um eine Beta-Version handelte.
- Ein **»temporärer Kontrollverlust« ist gewünscht**: das Risiko zum Experiment wurde eingegangen, die Frage nach einer effizienten Steuerung wurde zurückgestellt.

ZWISCHENZWEIFEL: GIBT ES WIRKLICH NUR DEN EINEN ZWECK?

Wir haben bislang einigermaßen stringent mit der Gleichung »Zweck = Kunde« argumentiert. Manche Autoren sprechen etwas abstrakter von externer Referenz. Sie meint den Gegenpol zur Selbstbeschäftigung, der außerhalb der Organisation selbst liegt. **Allerdings ist es in manchen Fällen gar nicht so einfach, den Zweck oder die externe Referenz zu bestimmen. Vielfach gibt es mehrere von ihnen, die zudem ineinander verschachtelt sind und sich nicht immer eindeutig priorisieren lassen.** Das wäre so, wie wenn sich innerhalb der zweitkleinsten Matrjoschka drei allerkleinste befänden, deren wichtigste sich kaum benennen ließe.

Dazu ein Beispiel: Im regionalen Schienenverkehr werden von den Eisenbahngesellschaften der Bundesländer die Strecken in einem oft zehnjährigen Turnus neu ausgeschrieben. Wer hier den Zuschlag nicht erhält, ist für ein Jahrzehnt aus dem Geschäft. Frage: Ist es überhaupt gerechtfertigt, die Anforderungen der Kunden, also in diesem Fall die der Fahrgäste, zum Fixpunkt zu erklären? Könnte und müsste man nicht argumentieren, dass die Behörde die entscheidende externe Referenz ist? Und was ist mit dem politischen Auftrag, der eine flächendeckende Versorgung vorschreibt? Alle drei genannten Referenzen sind auf eine bestimmte Weise »Kunden« zu verschiedenen Zeitpunkten unterschiedlich wichtig und stehen zudem in wechselseitiger Abhängigkeit. Die Reihenfolge der Matrjoschkas kann sich also ändern.

Selbstverständlich beziehen die Eisenbahngesellschaften die Wünsche und Bedürfnisse der Fahrgäste in die Ausschreibung ein.

Erinnern wir uns an die Um-zu-Logik und wählen ein anderes Beispiel: Der Audit im Qualitätsmanagement mag bürokratisch überzogen und zeitfressend sein, aber wenn er nicht bestanden wird, muss eventuell die Produktion abgebrochen werden. **Manche Referenzen sind folglich eine Art Gatekeeper, die der eigentlichen Leistungserbringung, um die es geht, vorgeschaltet sind.** Deshalb greift die Forderung, dass alle, wirklich alle Mitarbeitenden, einen direkten Bezug zum Kundenmehrwert haben müssen, zu kurz.

Unser Punkt ist allerdings: Jede Aufgabe, die Ressourcen bindet, muss zumindest einen indirekten, nachvollziehbaren, sinnvollen und schlüssigen Beitrag leisten. Im Fußballjargon könnte man von **Scorerpunkten** sprechen. Sie sind definiert als die Summe aus erzielten Toren (unmittelbare Zweckerfüllung = direkte Steigerung des Kundenmehrwerts) und Assists, also Vorlagen, die zum Torerfolg durch andere führen (mittelbare Zweckerfüllung = indirekte Steigerung des Kundenmehrwerts).

Assists müssen echte Vorlagen sein!

Blättern Sie bitte kurz zur ersten Seite dieses Kapitels zurück und denken Sie erneut über die Frage nach, wie viele Mitarbeitende nach einem Jahr wieder rekrutiert würden. Bleibt Ihre Schätzung bestehen?

Haben Sie das Gefühl, dass bei Ihnen die Vorlagengeber ausreichend gesehen und gewürdigt werden?

Wie viele Aufgaben haben in Ihrer Organisation einen schlechten Ruf und »riechen« nach Selbstbeschäftigung, sind aber unerlässlich zur Befriedigung von Gatekeeper-Bedürfnissen?

Und in wie vielen Positionen und Funktionen gefällt man sich als erfolgreicher Torjäger – obwohl gar keine Scorerpunkte gesammelt, also weder Vorlagen gegeben noch Tore erzielt werden?

Betrachten wir nun die Verschachtelung von Referenzen im Zeitablauf unter einem anderen Blickwinkel. Denn vieles in Organisationen ist ungewollt folgenreich. **Jede Handlung, jede Entscheidung, jede Strategie, alles, was in irgendeiner Form willentlich oder unabsichtlich getan oder herbeigeführt wird, ruft eine Vielzahl an Wirkungen hervor. Viele Handlungen bringen allerdings neben der erwünschten Wirkung unbeabsichtigte Nebenfolgen mit sich.** Es ergeben sich Auswirkungen auf gänzlich andere Spielfelder, die man vorher nicht im Blick hatte. Und diese Folgen können fatal sein.

Die Sensibilisierung für unbeabsichtigte Folgen ist unseres Erachtens zwingend nötig, vor allem hinsichtlich der häufig nicht hinterfragten Praktiken des modernen Managements, die häufig die Strapazierfähigkeit einer Organisation verhindern. So kann es notwendig sein, vorhandene Systeme, die unter Selbstbeschäftigungsverdacht stehen, nicht vorschnell als «lästig« zu verurteilen, weil sie am Ende der Wertschöpfungskette doch zum Kundenmehrwert beitragen.

Vorne nicht vergessen, was am Ende passiert

Beispielhaft sei das an einem Workshop bei einem global tätigen Anlagenbauer gezeigt. Die Qualitätsmanager waren besorgt: Mit den strengen Standards wurde sehr lax umgegangen, das QM-System wurde als bürokratisches Ärgernis empfunden. Die Projektleiter gingen in der Produktionsphase mit minimalen Mängeln relativ gelassen um – und drückten bei Warnmeldungen des Ampelsystems bisweilen ein Auge zu. In der konkreten Situation war diese Gelassenheit nachvollziehbar, weil es darum ging, den gesamten Prozess am Laufen zu halten und kleinste Abweichungen bei sehr wenigen Produkten nicht ins Gewicht fielen. Die Key Account Manager in Asien indes hatten ein massives Problem. Es war nämlich sehr aufwendig und teuer, mit den – wenn auch kleinen – Qualitätsproblemen umzugehen und diese bei den Kunden zu vertreten. Man berichtete uns, dass sämtliche Kampagnen und Appelle bislang nicht fruchteten.
Es entstand daher im Anschluss an unseren Workshop die Idee, die Handlungsfolgen spürbar und sichtbar zu machen. **Und zwar nicht als Nice-to-have-Kulturprojekt, sondern vor allem aus wirtschaftlichen Überlegungen heraus.** Die naheliegende Idee einer Hospitation in Asien schied pandemiebedingt aus. Also entschloss man sich dazu, dass die Key Accounter unter Einbezug von Kundenstimmen einen Film darüber drehen, was ein lockerer Umgang mit Qualitätsstandards am Ende für die Kollegen vor Ort bedeutet. Das war umso wichtiger, weil zwischen Produktion und Auslieferung mitunter sechs Monate vergehen. Diese Variante einer virtuellen Hospitation öffnete den Blick für den Gesamtprozess und war ein intelligenter kleiner Beitrag, die mitunter in ferner Zukunft liegende Konsequenz des Handelns für den Kundenmehrwert zu erkennen.

ZWEITE ZONE DER ZWECKVERFEHLUNG: SINNLOSE VERSCHWENDUNG

Und jetzt kommen wir zu Ihnen. Zu Ihnen persönlich. Und zur Frage, wie in der Dynamik einer arbeitsteiligen Organisation ein kluges, widerständiges Verhalten aussehen kann. Denn eines ist klar: Es gibt keine Schuldigen, die voller Absicht ein System designt haben, in der die Anteile der Selbstbeschäftigung auf höchstem Niveau gehalten werden sollen. Wir wiederholen uns bewusst:

It's the organization, stupid!

Je arbeitsteiliger zu Werke gegangen wird, je größer und undurchschaubarer die Organisation wird, je weniger transparent zwischen Torjägern, anerkannten Spezialisten für Assists, unterschätzten Vorlagengebern auf der Hinterbühne und gut getarnten »Nichtsnutzen« (natürlich nur im strengen Sinne bezüglich des Kundenmehrwerts) unterschieden werden kann, desto schwieriger wird die Beantwortung der Frage, wer was zur Zweckerfüllung beiträgt (zumal wir gesehen haben, dass auch die Frage des Zwecks nicht unterkomplex verhandelt werden darf).
Es ist also eine gute Idee, den Blick auch auf sich selbst zu richten. Und dabei empfehlen wir eine Analyse des eigenen Tuns im Hinblick auf »Bullshit-Tasks«. Wir haben dem Begriff des in der Einleitung erwähnten David Graeber bewusst die Schärfe genommen. Der Grund: Wir halten es für problematisch, ganze Berufsgruppen und Funktionsträger als Erfüllungsgehilfen von »Bullshit« zu brandmarken. Es geht auch eine Nummer kleiner, indem man sich, wir passen die Definition entsprechend an, jene Aufgaben des eigenen Verantwortungsbereichs anschaut, die so vollkommen sinnlos, unnötig oder gefährlich sind, dass selbst diejenigen, die sie ausführen, ihre Erfüllung nicht rechtfertigen können.

Gibt es jemanden, der gänzlich bullshitfrei ist? Selbst Ärztinnen, Pfarrer und Feuerwehrleute müssen Aufgaben erfüllen, die niemandem helfen.

Kurze Inspiration: Gegen die Organisationslogik: Lackmus-Test »Nonsense-Reporting«

Frau K., erfahrene Teamleiterin im Kundencenter eines deutschen Großkonzerns, entwickelte in der Experimentierwerkstatt eines unserer Musterbrecher-Workshops eine beeindruckend einfache wie wirkungsvolle Idee. Schon lange war sie genervt von internen Reportings, deren Ausfüllen immens viel Zeit kostet. Die meisten, so ihre Hypothese, sind kaum steuerungsrelevant, bringen dem Kunden gar nichts, interessieren ohnehin niemanden und verschwinden ungelesen im elektronischen Archiv. In der Eingabemaske des Reporting-Tools befand sich ein Freitextfeld, in das Erläuterungen zu den eingetragenen Zahlenwerten hineingeschrieben werden konnten. Nun nahm sich Frau K. alle von ihr als sinnlos eingestuften Berichte vor und befüllte sie mit zufällig gewählten Zahlen. In das Freitextfeld kopierte sie, je nach Tagesform, einen kurzen Sinnspruch oder ein längeres Gedicht. In die Abschlusszeile schrieb sie ohne weiteren Kommentar ihre Mobilnummer. Hatte sich nach 14 Tagen noch niemand bei ihr gemeldet, wertete sie dies als Bestätigung ihrer Hypothese und gab den entsprechenden Bericht konsequent nicht mehr ab. Sie hatte ihn als Nötigung zur Selbstbeschäftigung enttarnt.

Kürzlich hörten wir, dass in einem anderen Unternehmen eine Abteilung den geforderten Bericht mit einem Passwort versehen hat und dann darauf wartete, ob jemand nach dem Code fragt. Kam nach mehrmaligem Wiederholen diese Frage nicht, wurden nur noch leere Dokumente mit Passwort verschickt.

Vermutlich fallen Ihnen weitere potenzielle Anwendungsfälle für diese Art von Ungehorsam ein. Denken Sie in Ruhe darüber nach, idealerweise in Kombination mit anderen **»Selbstbeschäftigungsfallen«**, die entweder organisationsintern oder organisationsextern aufgestellt werden. Es bestehen zwischen den drei Kategorien Wechselwirkungen und Überlappungen, und manchmal lässt sich vielleicht gar nicht sagen, was von außen zugemutet oder innerhalb der Organisation zur Selbstverständlichkeit geworden ist.

Jedenfalls lohnt sich der **»Check zum Zweck«**, den wir im Folgenden in drei Varianten skizzieren und als Reflexionsübung vorschlagen. Was ist der Sinn des Ganzen? Ihnen wird bewusst, was Sie permanent in Ihrem Arbeitsalltag mindestens unterschwellig spüren, nämlich, dass viele Aufgaben und Routinen eine besonders perfide Form der Ressourcenvergeudung sind. Bislang und vor allem im zweiten Kapitel hatten wir den **»gesunden« Teil der Verschwendung** angesprochen – also jenen Überschuss, jene Belastbarkeit, Ungeregeltheit und Ungesteuertheit, die Menschen in Organisationen in die Lage versetzen, den Kundennutzen zu mehren. In diesem Sinne handelt es sich um kluge Verschwendung, die für die Erlangung von Strapazierfähigkeit unabdingbar ist. Hier liegen die Dinge anders.
Wir wollen einer vollkommen sinnlosen Verschwendung auf die Spur kommen. Die zweite Zone der Zweckverfehlung entsteht durch Aufgaben, die nicht dem Kundenmehrwert dienen und unnötig Ressourcen binden. Hinzu kommt ein spannendes Folgephänomen: Weil viele ahnen, dass es sich um eine grandiose Zweckverfehlung handelt, wird die Effizienzmaschine angeworfen. Deren Einsatz wäre aber nicht nötig, wenn es die zweckverfehlende Aufgabe nicht gäbe.

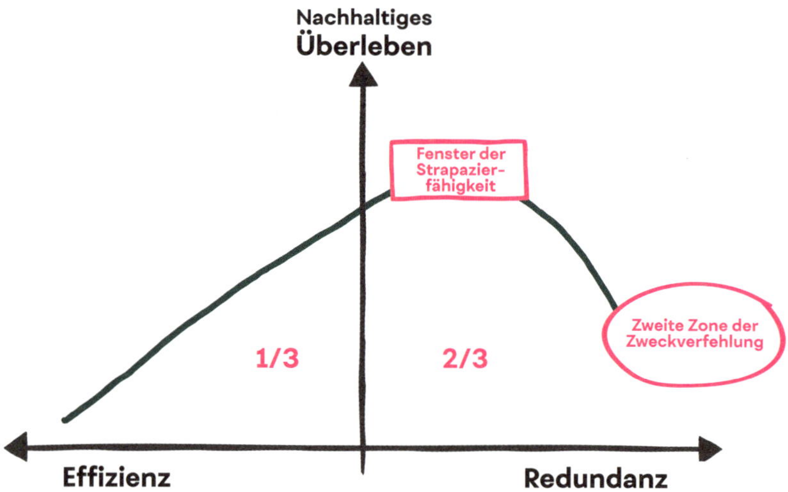

» Wer durch sinnlose Verschwendung den Zweck verfehlt, verspielt seine Strapazierfähigkeit.

Bevor wir mit den drei Checks zum Zweck starten, ist für den dritten noch ein Aspekt zu beleuchten. Er bezieht sich auf das Ihnen möglicherweise bekannte Eingangszitat, das wir bislang noch nicht aufgegriffen haben. Sie müssen nicht zurückblättern, es lautete:

» Das Parkinsonsche Gesetz besagt, dass jeder Angestellte wünscht, die Zahl seiner Untergebenen, nicht jedoch die Zahl seiner Rivalen zu vergrößern. Und dass sich Angestellte gegenseitig Arbeit schaffen.

Der hier angesprochene Cyril Northcote Parkinson, ein britischer Historiker des 20. Jahrhunderts, formulierte eine Reihe von »Gesetzen« und »Lehrsätzen«, die sich auf diverse Unsinnigkeiten im Organisationsgeschehen beziehen. Eine Auswahl:

- **Arbeit lässt sich wie Gummi dehnen, um die Zeit auszufüllen, die für sie zur Verfügung steht.**
- **Die Zahl der Angestellten steht in keinem irgendwie gearteten Verhältnis zur Menge der Arbeit, die zu erledigen ist.**
- **Jeder Mitarbeiter will Untergebene haben, aber keine Konkurrenten.**

» **Beamte machen sich gegenseitig Arbeit.**

» **In Sitzungen werden nicht die wichtigsten Themen am ausführlichsten diskutiert, sondern die, von denen die meisten Teilnehmer eine Ahnung haben.**

Zwar hat sich Parkinson auf beeindruckende Weise bemüht, diese Sätze empirisch zu belegen, aber letztlich war das Ganze ein ironischer Kommentar zur Welt der bürokratischen Organisationen in den 1950er-Jahren. Das haben nur nicht alle gemerkt. Viele Kritiker haben den Spaß nicht verstanden und auf die wissenschaftlichen Defizite dieser »Gesetze« verwiesen. Unabhängig davon – und wir sind uns sicher, dass Sie bei dem einen oder anderen der fünf Punkte bestätigend geschmunzelt haben – ist die anekdotische Evidenz bestechend, bis zum heutigen Tag.

Auf den Punkt gebracht: Uns geht es im Kontext dieses Kapitels um eine Einsicht, die oft verdrängt wird. Es geschieht in Organisationen nichts zufällig. Einfach gesagt: **Wenn etwas Unsinniges passiert, muss irgendjemand irgendetwas davon haben. Wir sprechen hier von versteckten Gewinnen.** Und die sind häufig der Grund für Selbstbeschäftigungen aller Art. Es geht meist um etwas zutiefst Menschliches, nämlich um Ansehen, Gesehen-Werden, Prestige, Demonstration von Bedeutung, Bewahrung der Deutungshoheit und um ähnliche Motive. All das ist nicht berücksichtigt, wenn Unternehmensberater gemäß rational korrekter Vorgehensweise »Doppelspurigkeiten« bemängeln oder »Zusammenlegung gleichartiger Aufgaben« anmahnen.

→ **»Bei uns wird dieselbe Arbeit in fünf verschiedenen Abteilungen gemacht – und die wissen noch nicht einmal etwas voneinander.«**

→ »Was macht der eigentlich den ganzen Tag?«

→ »Keiner weiß, warum diese Listen zu führen sind!«

→ »Wenn wir wüssten, was wir wüssten. Man müsste sich einfach mehr austauschen und Wissen teilen.«

Insofern sollten Sie sich die Zeit nehmen, sich über die »Währung« in Ihrer Organisation Gedanken zu machen. Auf was kommt es am Ende an? Was hält Sie beispielsweise von einer besseren Erfüllung des Unternehmenszwecks ab, weil es immer wieder wichtig ist, eine aufwendige Präsentation für den CEO zu erstellen, die zwar nichts bringt, aber Ihnen wieder einmal die Gelegenheit bietet, den Aufzug in den obersten Stock zu nehmen und sich auf dem C-Level in Erinnerung zu rufen?
Eines ist klar: Organisationen sind Spielfelder. Und manche dieser Spiele sind schlicht mitzuspielen. Sie sollten allerdings eine kluge Auswahl treffen, wenn Sie den von Theodore Levitt beschworenen »Flair« nicht missen wollen. Nur er ermöglicht es, sich um die kleinste und wichtigste Matrjoschka zu kümmern – und zugleich Sinn und Erfüllung in der Arbeit zu sehen.

Erster Check zum Zweck: Was ist organisationsintern gefordert?

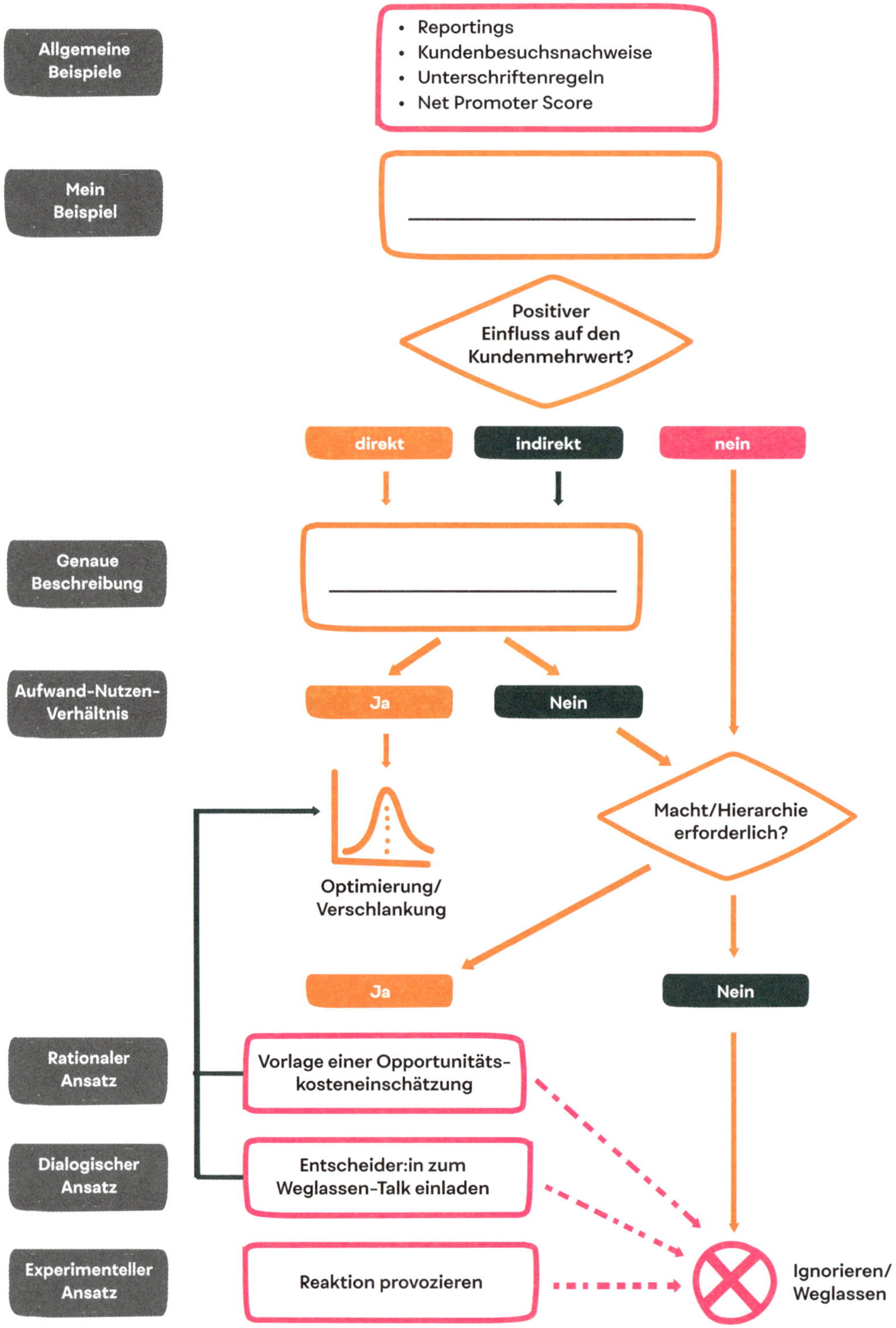

- Erstellen Sie eine Liste der Aufgaben (Verpflichtungen, Routinen etc.), die aufgrund einer organisationsinternen Regelung von Ihnen oder von Ihrem Team zu erledigen sind.
- Greifen Sie eine Aufgabe heraus, die Sie unter »besonderen Selbstbeschäftigungsverdacht« stellen. Beginnen Sie mit einer Aufgabe, die von Ihnen häufig »wegprokrastiniert« wird, weil sie weit entfernt vom Zweck beziehungsweise Kundenmehrwert scheint.
- Bleiben Sie fair, auch wenn Sie befürchten, dass es mit der Zweckdienlichkeit nicht weit her ist. Schauen Sie möglichst nüchtern und differenziert auf diese Aufgabe: Gibt es einen direkten, indirekten oder gar keinen Einfluss auf den Kundenmehrwert?
- Beschreiben Sie exakt den direkten oder indirekten Kundennutzen. Denken Sie im Falle des indirekten Kundennutzens an die weiter oben erläuterten Um-zu-Beziehungen und zeichnen gedanklich die »Zweckkette« nach.
- Falls Sie weder einen direkten noch einen indirekten Kundenmehrwert erkennen können: Fragen Sie sich, ob zwingend eine bestimmte Führungskraft oder eine hierarchische Instanz gefragt werden muss, bevor Sie diese Aufgabe weglassen. Sollte dies nach Ihrem Ermessen nicht der Fall sein, ignorieren Sie ab sofort diese organisationsinterne Verpflichtung – und provozieren damit möglicherweise eine Reaktion.
- Falls ein direkter oder indirekter Kundenmehrwert gegeben ist: Prüfen Sie, ob Aufwand und Nutzen in einer vertretbaren Relation stehen. Falls ja, optimieren Sie nach klassischer Effizienzlogik (Beispiel: Zeit-/Mitteleinsatz reduzieren, Abstriche bezüglich Präzision, Übererfüllung vermeiden).
- Sollte der Nutzen in keinem Verhältnis zum Aufwand stehen und zudem niemand in der Hierarchie grünes Licht geben müssen: Wählen Sie den Pfad des Weglassens.
- Wenn »von oben« eine nicht zu ignorierende Erwartungshaltung besteht, obwohl Sie a) keinerlei positiven Einfluss auf den Kundenmehrwert sehen oder b) der Aufwand zur Erreichung dieses Mehrwerts in keinem Verhältnis zum Nutzen steht, stehen drei Wege zur Verfügung:
  a. Falls Sie analytisch argumentieren müssen, weil in Ihrer Firma Argumente nur dann ernst genommen werden, wenn sie durch »Business Cases« oder Indikatoren untermauert werden, arbeiten Sie eine Opportunitätskostenschätzung aus. Hierzu reicht es, den formalen Schein zu wahren. Wichtig ist jedoch eine (auch über den Daumen gepeilte) Bezifferung des entgangenen Kundennutzens, der dadurch entsteht, dass Sie mit der Erfüllung der wenig zweckdienlichen Aufgabe befasst sind, anstatt in der Zeit wirklich kundenzentriert zu agieren. Anders ausgedrückt: Was könnten Sie stattdessen tun – und wie viel mehr würde das für den Kundenmehrwert bringen?
  b. Wenn sich ein dialogischer Ansatz anbietet, designen Sie einen Workshop unter dem Titel »Der Talk zum Weglassen«. Hierzu laden Sie die relevanten Führungskräfte ein und geben eine kurze Einführung in die Metapher der kleinsten Matrjoschka. Arbeiten Sie gemeinsam den »Check zum Zweck« durch und definieren Sie Aufgaben, die Sie ab sofort weglassen werden.
  c. Sie waren schon immer ein Musterbrecher und lassen es gerne darauf ankommen? Sehr gut. Dann wählen Sie den experimentellen Ansatz. Selbst dann, wenn die Hierarchie die Erfüllung einer bestimmten Aufgabe erwartet, streichen Sie diese Routine und warten die Reaktion ab. Denken Sie an das obige Beispiel mit dem Nonsense-Reporting.

Zweiter Check zum Zweck:
Was wird organisationsextern aufgezwungen?

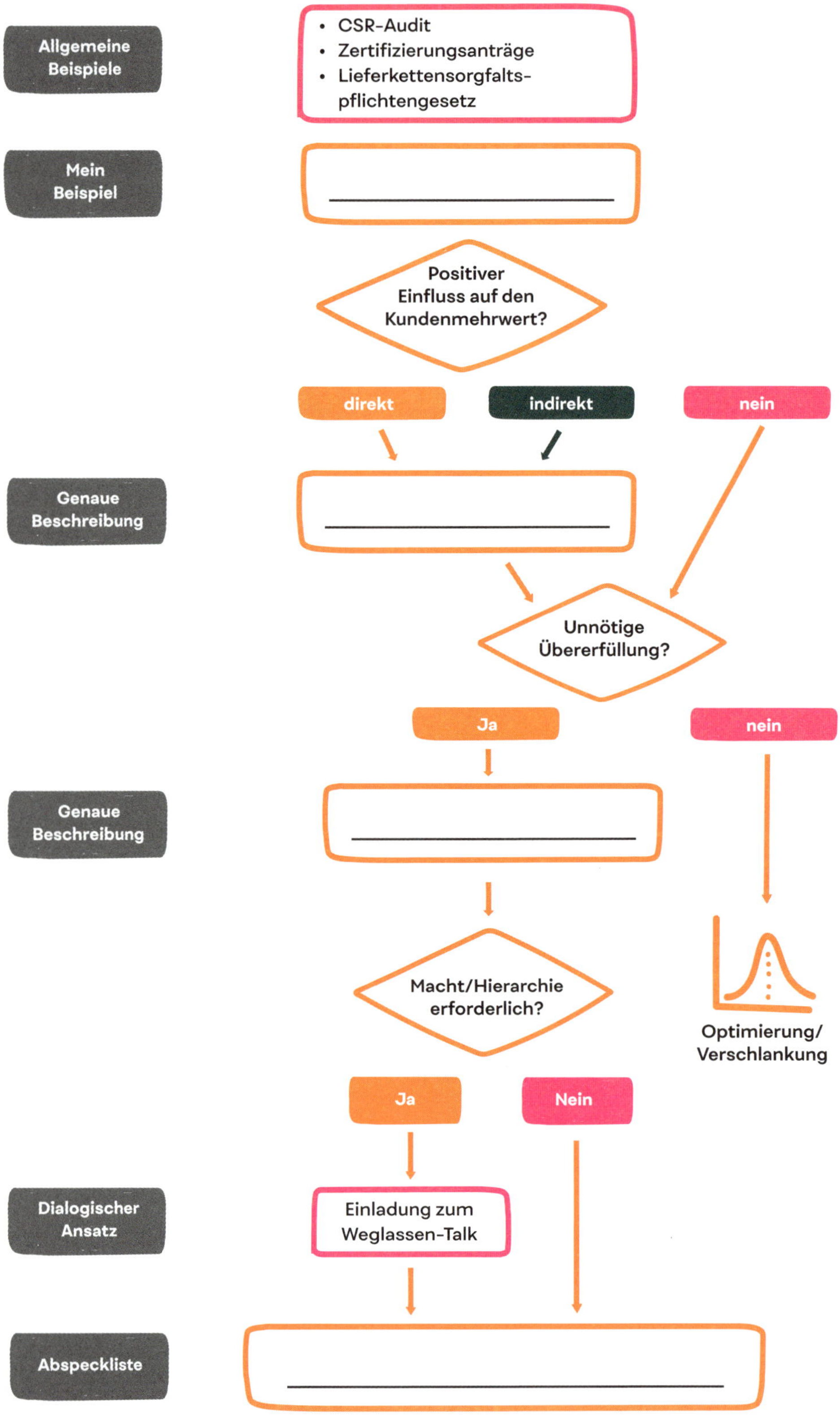

- Manchen Aufgaben kann man nicht entkommen. Und zwar einfach deshalb, weil sie der Organisation von außen »aufgenötigt« werden. Dazu zählen bestimmte Audits, Zertifizierungen, Überprüfungen von Arbeitssicherheitsstandards etc. Dennoch lohnt es sich, genauer hinzuschauen.
- Greifen Sie auch hier aus einer Liste von extern erzwungenen Aufgaben eine besonders ärgerliche (weil zeitfressende, zermürbende oder kreativitätshemmende) Tätigkeit oder Routine heraus.
- Prüfen Sie – wie beim ersten Check –, inwieweit ein direkter beziehungsweise indirekter oder gar kein Kundenmehrwert mit dieser Aufgabe verbunden ist.
- Es gibt Konstellationen, in denen sich in einer Organisation bei gewissen Aufgaben eine schleichende Übererfüllung verselbständigt hat. Das ist umso kritischer, je weniger damit ein Kundenmehrwert verbunden ist. Es gibt Organisationen, in denen Jahr für Jahr die Dinge präziser getan und immer mehr Spezialisten für Sonderaufgaben qualifiziert werden – obwohl es nur darum ginge, irgendwie den Audit zu bestehen, um das Siegel zu erhalten. In diesem Fall kommt es nur darauf an, die Note 4 zu erzielen. Jede bessere Zensur wäre eine Verschwendung jenseits des Fensters der Strapazierfähigkeit.
- Falls keinerlei Übererfüllung festzustellen ist, unterziehen Sie die Aufgabe oder den Prozess dennoch einer Überprüfung. Möglicherweise ist durch »kosmetische« Eingriffe manches zu verschlanken.
- Sollten Sie jedoch Formen von Übererfüllung erkennen, erstellen Sie eigenständig eine »Abspeckliste«. Hier gilt es, die Effizienzbrille aufzusetzen. Aber nicht in dem Sinne, dass ein möglichst hochgestecktes Ziel mit gegebenem Mitteleinsatz erreicht wird. Vielmehr gilt es, ein völlig unambitioniertes Ziel mit geringstem Aufwand zu erreichen. Einfach gesagt: Was ist gerade noch akzeptabel, um den Auditor zu überzeugen?
- Sollten Sie die Hierarchie einbinden müssen, gehen Sie den Umweg über eine Einladung zu einem »Talk zum Weglassen«. Leisten Sie Überzeugungsarbeit bezüglich einer unnötigen Übererfüllung.

Dritter Check zum Zweck:
In welchem Selbstbeschäftigungsmuster bin ich ohne Not gefangen?

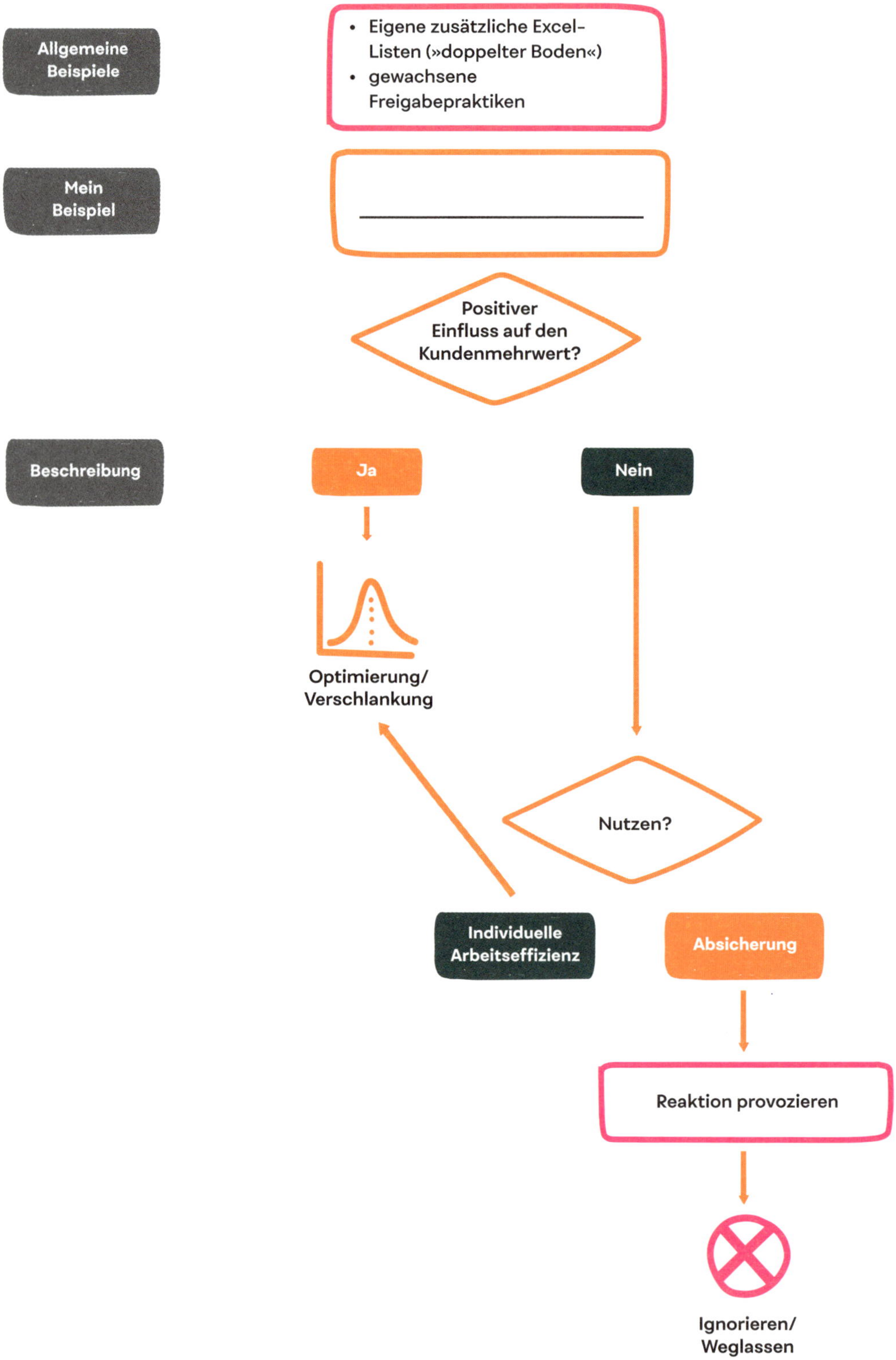

- Seien wir ehrlich: Für die eine oder andere Selbstbeschäftigung sind ausschließlich wir selbst verantwortlich.
- Sie kennen das Prozedere bereits aus den ersten beiden Runden. Finden Sie Aufgaben und Routinen, deren Erledigung und Abarbeitung niemand von Ihnen verlangt, weder innerhalb noch außerhalb der Organisation.
- Nehmen Sie eines dieser Selbstbeschäftigungsmuster unter die Lupe. Falls sich daraus ein Kundenmehrwert ergibt, passen Sie das Muster an, machen es schlanker oder probieren einen anderen Weg aus, aber nur, wenn Sie das Gefühl haben, es gibt noch Luft nach oben. Das gilt auch für den Fall, dass sich kein Kundenmehrwert ergibt, aber durch das Selbstbeschäftigungsmuster – vielleicht auch über Umwege – Ihre individuelle Arbeitseffizienz erhöht wird.
- Interessant wird es, wenn Sie feststellen, dass Sie sich ein Selbstbeschäftigungsmuster zugelegt haben, das weder den Kundenmehrwert erhöht, noch in irgendeiner Form Ihre Arbeit erleichtert.
- Fragen Sie sich, weshalb Sie dieses Muster nicht verlassen. Geht es um Absicherung in der Hierarchie? Um Prestige, Sichtbarkeit, Relevanz oder die pure Aufmerksamkeit? Oder um einen Fleißbeweis? Oder schlicht um den Spaßfaktor, weil sie eine bestimmte Aufgabe gerne erledigen? Das wäre eine legitime Form der Verschwendung.
- Üben Sie sich in der Kunst des Weglassens. Experimentieren Sie.
  Es wird eine Reaktion kommen – und wenn nicht, ist auch dies ein Erkenntnisgewinn.

EXPERIMENTIERFELD 3

WACHSTUMS-SCHMERZEN

Weshalb der Glaube an das Wachstum (fast) eine Religion geworden ist und man trotzdem nicht aus dieser Kirche austreten kann, warum es sich lohnt, den Beipackzettel zu lesen und Manufakturen zu misstrauen und wie eine Idee von strapazierfähigem Wachstum aussehen kann.

RISIKEN
NEBENWIRKUNGEN
MANAGEMENT
FORTE

> **» Es zeigte sich, dass die gängige Managementliteratur weder die Frage einer optimalen Unternehmensgröße hinreichend sichtbar stellt noch die Risiken und Nachteile starken Unternehmenswachstums oder die Vorteile, Konsequenzen und Herausforderungen einer wachstumsneutralen Unternehmensführung konsequent erörtert.**
>
> Institut für Ökologische Wirtschaftsforschung

Manche Hamsterarten sind schon nach 18 Tagen ausgewachsen, Katzen mit etwa einem Jahr. Elefanten brauchen deutlich länger, bis sie groß sind, manchmal 20 Jahre. Übrigens werden sie dann erst geschlechtsreif. Blauwale entwickeln sich mit einer Gewichtszunahme von 66 Kilogramm pro Tag am schnellsten, aber spätestens bei 33,6 Metern Länge und einem Gewicht von 200 Tonnen ist Schluss. Früher oder später erreicht jedes Säugetier die genetisch programmierte Größe, die nicht überschritten werden kann. Bei Bäumen ist es nicht anders. Sie können nur in Liebesgedichten und in einschlägigen Märchen in den Himmel wachsen. Spätestens bei 120 Metern ist in der biologischen Realität die Grenze erreicht, so optimal die Umweltbedingungen auch sein mögen. Ein Baum wächst, wenn über die Spaltöffnungen an den Blättern ein Unterdruck aufgebaut wird und dadurch Wasser von den Wurzeln bis in die Baumkrone transportiert wird. Irgendwann, so die laienhafte Erklärung, wird der Weg aber zu lang. Der Sog des »Strohhalms« ist nicht mehr stark genug, um die Schwerkraft zu überwinden. Wachstum findet allenfalls noch in der Breite und durch Verdickung der Äste statt. Poetischer formuliert: Wir bewundern die knorrigen alten Eichen.

Der höchste Baum Deutschlands ist eine Douglasie, heißt Waltraudt vom Mühlwald, ist 106 Meter hoch und steht seit 1913 im Freiburger Stadtwald im Mühlwald bei Günterstal.

Beim Menschen ist der Wachstumsprozess im Alter von etwa 20 Jahren abgeschlossen. Interessanterweise war lange Zeit nicht geklärt, weshalb das Knochenwachstum überhaupt zu einem Ende kommt. Erst kürzlich, veröffentlicht im Juni 2022

in der Fachzeitschrift »Nature Communications«, fand man die Erklärung: Ab einem bestimmten Punkt wird von Wachstum auf Erhaltung der Knochen umgestellt. Dieser Punkt hat zu tun mit dem zunehmenden Körpergewicht Heranwachsender. Er löst einen Mechanismus aus, der Blutgefäße des stark wachsenden Typs in solche des ruhenden Typs umwandelt, wodurch das Knochenwachstum nicht mehr unterstützt wird. Im weltweiten Durchschnitt führt genau dieser Prozess zu einer Körpergröße von 1,70 Metern bei Männern und 1,60 Metern bei Frauen.
Es ist wahrscheinlich klar geworden, welche Frage wir mit dieser Vorbemerkung evozieren wollten. Sie lautet: **Warum nimmt die orthodoxe Ökonomie unbeirrt an, dass Wirtschaftswachstum ein alternativloses Gebot sei – und zudem möglich und sinnvoll?**

Wie lautet Ihre Antwort auf die Frage, warum Ökonomie ständig wachsen muss?

Falls Sie während einer Autofahrt Zeit haben, empfehlen wir eine Analyse von Wahlkampfplakaten.

Wachstum ist nahezu unabhängig von Parteien, Berufen, Branchen und Gesellschaftsschichten. Es ist ein unhinterfragter Imperativ. Weshalb eigentlich? Schließlich wird niemand bezweifeln, dass die Erde nur so groß ist, wie sie ist. Und es ist längst auch keine gewagte Hypothese mehr, von der Endlichkeit der Ressourcen zu sprechen. Irgendwann sind fossile und andere Rohstoffe einfach aufgebraucht.

Es gibt keinen zweiten Planeten – oft, vielleicht zu oft gehört, klingt wahr, ist es auch.

Nun ist die ganze Wachstumsdiskussion alles andere als neu. Wenn Sie zu den frühen Boomer-Jahrgängen gehören, haben Sie vielleicht noch ein verstaubtes Exemplar von Dennis Meadows' **»Die Grenzen des Wachstums«** im Regal. Zwei Jahre, bevor das

Buch erschien, im Jahr 1970, gab es den ersten Kipppunkt in der Geschichte der Menschheit. Erstmals wurde verzeichnet, was man seit einigen Jahren auf den Tag genau berechnen kann: den sogenannten **Earth Overshoot**. Gemeint ist der Moment, in dem alle natürlichen Ressourcen, die der Planet innerhalb eines Jahres zur Verfügung stellen kann, aufgebraucht sind. In Deutschland ist es 2024 etwa am 24. August so weit – jeder darauffolgende Tag in der Intensität der bisherigen Wirtschafts- und Konsumlogik geht ans Eingemachte.

Zurück zur Frage, weshalb Wachstum das zentrale Mantra der Ökonomie ist – trotz eines steigenden Bewusstseins für seine unerwünschten Nebenfolgen (Klimawandel, Ressourcenverschwendung, Ungleichheit etc.) und trotz der lauter werdenden Diskussionen um »Degrowth« und Postwachstum.

EINST GUT GEMEINT: WACHSTUM ALS EMANZIPATORISCHE IDEE

Sobald Gründe für wirtschaftliche Fehlentwicklungen gesucht werden, wird auf die üblichen Verdächtigen zurückgegriffen. Im Managementkontext fällt auch hier sofort der Name **Frederick W. Taylor**, auf den wir im zweiten Kapitel schon zu sprechen kamen. Der 1856 geborene Ingenieur aus Pennsylvania wurde vor allem posthum berühmt und muss heute mehr denn je als bad guy herhalten. Sein Name wird reflexhaft aus dem Hut gezaubert, wenn es darum geht, einen Schuldigen für die Auswüchse einer zur Perfektion getriebenen und in der Folge menschenverachtenden Arbeitsteilung zu benennen. **Als Schlagwort für das Übel hat sich inzwischen der Begriff »Taylorismus« etabliert.** Bei jeder Kritik wird auf das (von den wenigsten tatsächlich gelesene) Buch »The Principles of Scientific Management« von 1911 verwiesen.

Seite 41.

↳ Ernster Fun Fact: Taylor war nie Taylorist.

Zumindest nicht in dem Sinne, dass er für die Effizienzexzesse verantwortlich zu machen wäre, die später unter Berufung auf seine Erkenntnisse veranstaltet wurden – und immer noch werden. Denn bereits in der Einleitung seines Buches beklagt er: »Wir sehen, wie Wälder dahinschwinden, die Wasserkräfte vergeudet, der Boden und seine Schätze in das Meer gewaschen werden, die Erschöpfung der Kohle- und Eisenerzlager ist nur noch eine Frage der Zeit.« Der für ihn naheliegende Schluss war, der Verschwendung in der Produktion an Ressourcen und Arbeitskraft entgegenzuwirken.

Zudem wird, was Taylor betrifft, regelmäßig der historische Kontext ignoriert. Denn es war ihm, natürlich nicht nur, aber eben auch, an einem Ausgleich zwischen mächtigen Arbeitgebern und den Angestellten gelegen. Es ging ihm darum, »Regeln, Gesetze und Formeln zu bilden, zur Hilfe und zum Besten des Arbeiters bei seiner täglichen Arbeit«. Wir wollten hier kein Konzept schönreden, das sicherlich auch unter Berücksichtigung seiner Entstehungszeit problematische Seiten aufweist. Aber es ist wichtig, die ursprünglichen Intentionen nicht einseitig zu beleuchten.

Wie so oft fehlte auch hier über lange Zeit der Blick auf den Beipackzettel.

Das gilt auch für einen anderen bad guy, der allerdings keine Produktionsprozesse im Blick hatte, sondern das große Ganze. Die Rede ist von **Adam Smith**, dem schottischen Nationalökonomen und Moralphilosophen aus dem 18. Jahrhundert. Auch sein Werk wird häufig auf eine einzige populäre Formel zusammengestutzt. Zumindest eignet sich die berühmte »unsichtbare Hand des Marktes« gut als Losung für diejenigen, die nach dem historischen Ursprung eines ungezügelten Kapitalismus mit seinem inhärenten Wachstumszwang suchen. Die Philosophin und Sozialwissenschaftlerin Lisa Herzog verweist darauf, dass Smith jedoch eine umfassende Gesellschaftspolitik im Sinn hatte. Ihre Botschaft: **Smith eignet sich nicht als Kronzeuge für den heute kritisierten ökonomischen Wildwuchs als Ergebnis einer gnadenlosen Wachstumsideologie.**

> **» Wir haben uns so sehr an bestimmte Bilder des Marktes gewöhnt, dass wir dazu neigen, zu vergessen, dass die Dinge in der Vergangenheit anders waren.**
>
> Lisa Herzog

Es sind zwei Szenarien von Wachstum, die Smith im Blick hatte. Die erste Vorstellung zielt darauf, dass es am Ende allen von Nutzen sein würde, wenn die Reichen reicher werden. Analog zur berühmten **Trickle-down-Idee** kann man sich eine Pyramide aus Champagnergläsern vorstellen. Nach und nach füllen sich die unteren Etagen, wenn die oberen abgefüllt sind. Gut gemeint, würde man heute sagen, aber leider keine allzu demokratische Idee, sondern eher ein Almosenprinzip. Jedenfalls wird Ungleichheit langfristig akzeptiert. Smiths Gedanke ist übrigens nicht so altmodisch, wie er zunächst erscheint. Man denke an heutige Diskussionen über die Besteuerung von Vermögen und Höchsteinkommen. Stets werden, besonders in den USA, niedrige Steuern als Voraussetzung gesehen, dass Mäzenatentum positiv wirke und die Privilegierten »der Gesellschaft etwas zurückgeben« können. Reichtum durch Wachstum, das schließlich allen zugutekommt – so die Denkfigur.

Manche sollten nicht auf ihre Schönheit reduziert werden. Andere nicht auf ihre Intelligenz. Und Adam Smith nicht auf seine unsichtbare Hand.

Smiths zweite Vorstellung ist etwas weniger angreifbar, weil ein direkter emanzipatorischer Gedanke dahintersteht. Die Annahme: In einer wachsenden kommerziellen Gesellschaft steigt die Produktivität durch erhöhte Kapitalintensität und verstärkte

Ob genau 48 000, hängt nicht alleine von der Arbeitsteilung ab!

Arbeitsteilung, wodurch die Nachfrage breiter Bevölkerungsschichten zunimmt. Lisa Herzog referiert ein bekanntes Beispiel von Smith: Eine Person ist in der Lage, weniger als 20 Stecknadeln am Tag zu produzieren, zehn schaffen 48 000. Die Gesellschaft wächst von unten. Alle sind eingebunden, mit dem Ziel, dass Wachstum auf breiter Basis von unten langfristig zum Abbau von Ungleichheiten führt, wenn nur arbeitsteilig zusammengearbeitet wird. Wachstum ist somit positiv zu werten, weil es das Existenzminimum aller sichert. **Ein Mehr führt zu einer Umverteilung – ohne den Besitzenden etwas wegnehmen zu müssen.** Die Hoffnung besteht darin, dass sich viele ein auskömmliches Mittelstandsleben leisten können. Es ist wichtig zu bedenken, dass Smith vor dem Hintergrund der feudalen Gesellschaftsordnung des 18. Jahrhunderts argumentiert.

Wachstum lässt sich in diesem historischen Bezug als Ankerpunkt dafür sehen, dass die Abhängigkeiten von den Mächtigen schwinden.

Wenn durch die Vergrößerung von Märkten und Reichweiten ein Schreiner seine Arbeit vielen Kunden anbieten kann, wenn Arbeitnehmerinnen ihren Arbeitsplatz wechseln können und nicht mehr auf die Gunst eines Feudalherren angewiesen sind, lässt sich das als Fortschritt beschreiben.

Als Moralphilosoph und Ökonom hatte Smith eine Wirtschaft vor Augen, in der die Interessen von Individuum und Gesellschaft zu vereinen sind, in der es Anreize gibt, die soziale Normen des Miteinanders einzuhalten. In der im Wettbewerb miteinander gerungen wird, aber niemand durch die Ellenbogen des anderen zu Schaden kommt.

Nun kann man fragen, ob die heutige Ökonomie mit ihren global verflochtenen Konzernstrukturen sich von diesem Ideal noch ansatzweise leiten lässt. Angesichts vieler Entwicklungen darf dies bezweifelt werden. Wir wollen dieser Frage nicht weiter nachgehen, jedoch feststellen: Adam Smith taugt ganz offensichtlich nicht als Ideengeber für die Art und Weise, wie heute ein wachstumsgetriebener Kapitalismus betrieben wird – und doch wird er immer wieder undifferenziert als legitimierende Instanz herangezogen.

» Mehr Wachstum – mehr Beschäftigung.

Der Wachstumsimperativ speist sich nicht nur aus (teilweise falsch verstandenen) historischen Bezügen, sondern auch ganz faktisch aus der Gesetzeslage. So verabschiedete im Mai 1967 der Deutsche Bundestag mit großer Mehrheit das **Stabilitätsgesetz (präzise: Gesetz zur Förderung der Stabilität und des Wachstums der Wirtschaft).** Mit dieser Rechtsgrundlage sollen die Ziele Vollbeschäftigung, Preisstabilität und außenwirtschaftliches Gleichgewicht sowie ein angemessenes Wirtschaftswachstum erreicht werden. Die Ziele, im Paket als **»Magisches Viereck«** bezeichnet, wurden als Reaktion auf die nach den Wirtschaftswunderjahren erstmals zu verzeichnende Konjunkturschwächung festgeschrieben. Es darf also nicht verwundern, dass sich etwa die Formel »Mehr Wachstum – mehr Beschäftigung« in der Endlosschleife politischer Bekenntnisse verankert hat. Doch reicht das Vorhandensein eines Gesetzes aus, dass es nicht mehr infrage gestellt wird? Wohl kaum. **Es muss so etwas wie einen einprogrammierten Glaubenssatz mit hohem Ideologiepotenzial geben ...**

OIKODIZEE ALS IMMUNISIERENDE ERSATZRELIGION

Oikodizee – was ist das denn? Keine Sorge, der Begriff gehörte auch nicht zu unserem Wortschatz. Er wurde vom Literaturwissenschaftler **Joseph Vogl** geprägt, der sich in seinen Forschungsarbeiten eher ungewöhnlich mit Ökonomie beschäftigt. In seinem Buch »Das Gespenst des Kapitals« zeigt er, dass der Grundgedanke der Theodizee in die Ökonomie Einzug gehalten und sich dort festgesetzt hat:

> »Was mit dieser Oikodizee zur Frage steht, ist eine der elementaren Gründungsfiguren politischer Ökonomie. Sie ist mit der Annahme verbunden, dass einzig der Markt und seine Akteure als Garantien spontaner Ordnung, innerweltlicher Vorsehung und Systemhaftigkeit überhaupt funktionieren.«

Wenn andere es punktgenau gesagt haben, muss man es nicht künstlich neu formulieren. In diesem Fall sorgt Jakob Augstein für Klarheit:

> **Die Religionsphilosophie kennt den Begriff der Theodizee: Gott ist gerecht, auch wenn die von ihm erschaffene Welt ungerecht ist. Der Kulturwissenschaftler Joseph Vogl hat darum den Begriff Oikodizee erfunden: Der Markt ist gerecht und reguliert sich selbst – ganz gleich, was wir an Krisen und Ungerechtigkeiten erleben.**
>
> »Freitag«, Ausgabe 39/2014

Es mag etwas mächtig erscheinen, wenn die Gerechtigkeit Gottes in ihrer Unhintergehbarkeit auf das zentrale Dogma der Wirtschaftswelt übertragen wird. Aber letzten Endes ist die Analogie erstaunlich zutreffend. Man denke an den **Immunisierungseffekt gegenüber Fällen faktischen Marktversagens**, das in der Regel damit begründet wird, dass immer noch zu viel Staat im Spiel war. Oder an die Abwehr kritischer Stimmen, die die Logik des Bruttoinlandsprodukts infrage stellen, weil es auch dann Wachstum vermeldet, wenn es durch die Beseitigung von industriell verursachten Umweltkatastrophen zustande kam. Oder an die (im Kapitel über Ungewissheit bereits erwähnte) **Folgenlosigkeit grandios verfehlter Wachstumsprognosen**, deren Fehlerhaftigkeit teflonartig mit dem nicht zu erwartenden Verhalten der Marktakteure entschuldigt wird. Joseph Vogl fasst sein Erstaunen wie folgt zusammen:

Seite 123.

> »Die Haltbarkeit dieser Legenden verwundert allerdings umso mehr, als selbst ein gesunder, das heißt geschäftsmäßig gestimmter Menschenverstand daran zu zweifeln begann, dass Wachstum Beschäftigung schafft, Privatisierung Versorgungsstandards verbessert, der Markt auf fairen Wettbewerb baut und Konkurrenz überhaupt zur allgemeinen Verteilung von Wohlstandseffekten beiträgt.«

Innerhalb des letzten Jahrzehnts haben die kritischen Diskussionen über die Grundannahmen eines gerechten Marktes mit seiner Wachstumslogik erheblich zugenommen. Die Oikodizee steht zunehmend im Kreuzfeuer, wenngleich es eine vergleichsweise kleine, aber durchaus prominente Szene ist, die diesen Diskurs befeuert.

Ihre zentrale Überzeugung: Wachstum kann sich die Weltgesellschaft nicht mehr leisten, es muss ab jetzt um mehr Bescheidenheit, Schrumpfung, Rückbau etc. gehen.

Damit können die Wachstumsanhänger erwartungsgemäß gar nichts anfangen. Interessanterweise teilen Kritiker und Anhänger

der Wachstumsidee die Einschätzung, dass ungezügeltes Wachstum klimaschädliche Effekte mit sich bringt. Darüber besteht Einigkeit – von wenigen Ausnahmen im Fanlager konventioneller Ökonomie abgesehen. Allerdings glauben die Wachstumsanhänger, dass sie ihre Idee durch Green Growth retten können. Das heißt, dass durch technische Innovationen der prinzipielle Widerspruch von Klimaneutralität und Wachstum aufgelöst werden und eine vollständige Entkopplung von Wirtschaftswachstum und CO_2-Emissionen gelingen kann.
Und an diesem Punkt landet man bei der entscheidenden Glaubensfrage, die beide Lager trennt. Bislang ist es nämlich noch nicht gelungen, diese Entkopplung in die Tat umzusetzen, auch wenn sich seit einiger Zeit das Delta zwischen Ressourcenverbrauch und Wachstum verringert. Die Wachstumskritiker sehen eine grundsätzliche Unmöglichkeit ...

» **Eine absolute Entkopplung von Wachstum und der Nutzung von Natur ist nicht möglich. Eine grüne Effizienzwirtschaft kann den Planeten nicht retten. (...) Wohlstand kann künftig nicht mehr über Wachstum erreicht werden. Was es für die Zukunft des Wohlstands wirklich braucht, ist keine wachstumsfixierte, sondern eine erwachsene Gesellschaft.**

Kai Niebert

Professor für Didaktik der Naturwissenschaften und Nachhaltigkeit an der Universität Zürich.

... und das andere Lager setzt – wenig überraschend – auf technischen Fortschritt und die konsequente Anwendung der bekannten marktwirtschaftliche Instrumente:

» In unserem Wirtschaftssystem lassen sich Klimaschutz und Wirtschaftswachstum gut vereinen. Für den Klimaschutz ist es von zentraler Bedeutung, Anreize für technischen Fortschritt und Innovation zu setzen. Technischer Fortschritt wiederum erzeugt Wirtschaftswachstum. Es wird allerdings notwendig sein, zu einer Kreislaufwirtschaft überzugehen. Nur so wird es gelingen, dass unser Wachstum weniger natürliche Ressourcen aufbraucht.

Lars Feld

Professor für Wirtschaftspolitik an der Universität Freiburg.

Also einfach weitermachen, die bekannten Bordmittel endlich effizient einsetzen und unbeirrt an die Oikodizee glauben? Oder den Sprung aus den Glaubenssätzen des Wachstums wagen und einer ungewissen Zukunft entgegenblicken? Selbst wenn man den zweiten Weg in Betracht ziehen würde, wäre er nicht umzusetzen. Nicht, weil die entsprechenden theoretischen Ansätze fehlen würden, sondern weil kein Brückenkonzept vorstellbar ist, das die alte Wachstumswelt mit einer neuen Postwachstums- oder »Schrumpfungswelt« verbinden könnte.
Ein sofortiger Wachstumsverzicht würde bedeuten: Pleitewellen, rasant steigende Arbeitslosigkeit, Konsumrückgang – letztlich eine unkontrollierbare Abwärtsspirale. Die Historikerin **Ulrike Hermann**, selbst Verfechterin von Wegen jenseits des Kapitalismus, sieht dieses Dilemma deutlich: **»Firmen investieren nur, wenn sie Gewinne erwarten. Gesamtwirtschaftlich sind diese Gewinne aber identisch mit Wachstum. Ohne Wachstum müssen die Unternehmen also Verluste fürchten. Sobald aber Profite ausbleiben, investieren die Unternehmen nicht mehr, und ohne Investitionen bricht die Wirtschaft zusammen.«**

> **Wachstumskritiker verstehen nicht die Dynamik dieses Systems. Die haben das Gefühl, wir haben jetzt ein Niveau erreicht, wo wir bleiben können. Aber das geht im heutigen Wirtschaftssystem nicht. Entweder man wächst oder man schrumpft.**
>
> Matthias Binswanger

Professor für Volkswirtschaftslehre an der Fachhochschule Nordwestschweiz.

Die Oikodizee hält sich nicht nur, weil der Glaube an das Wachstum sich quasi-religiös verselbständigt hat, sondern auch, weil schlicht das Sprungbrett in eine neue Welt fehlt, deren Konturen bereits umrissen werden könnten. **Man hat es mit einer extremen Lock-in-Situation zu tun.**

WACHSEN UND SKALIEREN, WAS DAS ZEUG HÄLT!

Der Blick auf die Makroebene war wichtig, weil sie den Ursprung und die akzeptierte Selbstverständlichkeit der Oikodizee verständlich macht. Und weil diese sich in den eingeübten betriebswirtschaftlichen Praktiken auf der Ebene einzelner Organisationen niederschlägt. Mit diesen Praktiken werden wir uns jetzt genauer auseinandersetzen, im Speziellen mit der Frage des Unternehmenswachstums. Hier liegt unseres Erachtens eines der wichtigsten Experimentierfelder für strapazierfähiges Unternehmertum.

Eines der magischen Wörter, die sich spätestens ab dem zweiten BWL-Semester im Grundwortschatz der Studenten verankern, lautet: Größenvorteile! Sie werden meist als economies of scale bezeichnet und stehen für einen sehr simplen Zusammenhang: Bei einer Ausweitung der Produktionsmenge sinkt der Anteil der Fixkosten pro erzeugte Einheit. Schließlich steigt etwa der Aufwand für die Aufrechterhaltung von Querschnittsfunktionen (Einkauf, Accounting etc.) nicht proportional zum Produktionsvolumen.

Es lohnt sich demnach, mehr zu produzieren und das Geschäft auszuweiten, also zu wachsen, um mehr Gewinn zu machen. Und das geht umso besser, je mehr die sogenannten Lernkurveneffekte greifen, wenn es also gelingt, durch Erfahrung besser zu werden und die Leistung zu steigern beziehungsweise die Kosten zu senken. Wenn dieser Prozess dann noch von Zukäufen, Fusionen und strategischen Allianzen begleitet, also für äußeres Wachstum gesorgt wird, entstehen die vielzitierten Synergieeffekte.

Aus betriebswirtschaftlicher Sicht ist es hochgradig sinnvoll, einen Wachstumspfad im Auge zu haben. **Man könnte sogar sagen, dass es gefährlich sein kann, diese basalen Zusammenhänge rund um das Thema der Fixkostendegression zu ignorieren.** Unabhängig davon gibt es für jedes Unternehmen einen Wachstumszwang, dem es sich nicht entziehen kann.

Das Gebot lautet: Wachse mindestens so stark wie der Markt, andernfalls gehen Marktanteile verloren und die eigene Marktposition verschlechtert sich.

Man muss es an dieser Stelle nicht weiter ausbuchstabieren, weshalb Unternehmenswachstum sinnvoll und wichtig ist. Es geht um Marktbeherrschung, Verhandlungsmacht, Arbeitgeberattraktivität, Bekanntheit, Relevanz, Investitionsfähigkeit etc.

In jüngerer Zeit rückt überdies ein Begriff in den Mittelpunkt, der keinesfalls neu, aber im Kontext von Start-ups, Digitalisierung & Co. zum allgegenwärtigen Schlagwort geworden ist: **Skalierung! Sie meint nichts anderes als die Möglichkeit, ein Geschäftsmodell wachsen zu lassen, und zwar ohne die Notwendigkeit größerer Investitionen oder Fixkostenerhöhungen.**

Letztlich ist man wieder bei der Logik der **economies of scale**. Der Unterschied in der Start-up-Welt liegt aber darin, dass »krassere«, schnell zu nutzende Größenvorteile auf der Basis stark automatisierbarer und vorwiegend immateriell fundierter Geschäftsmodelle gemeint sind.

Skalierung in einem Satz: Im Extremfall erfindet man eine Plattform, bei der es keinerlei Kostenunterschied macht, ob sie von 1000 oder zehn Millionen Kunden genutzt wird – mit entsprechenden Effekten auf Umsatz und Marge.

Wenn Skalierung auf die Spitze getrieben wird, geht es nur noch um die Geschwindigkeit bei der Expansion. Die Silicon-Valley-Ikone **Reid Hoffman**, PayPal-Inkubator und Mitgründer von LinkedIn, hat dafür den Begriff des »Blitzscaling« geprägt. In einem Interview mit der »Harvard Business Review« entschuldigte er sich für die unglückliche Konnotation, sieht aber intellektuelle Ähnlichkeiten zu dieser Form der Kriegsführung:

»The theory of the blitzkrieg was that if you carried only what you absolutely needed, you could move very, very fast, surprise your enemies, and win. Once you got halfway to your destination, you had to decide whether to turn back or to abandon the lines and go on. Once you made the decision to move forward, you were all in. You won big or lost big.«

Hey ho, let's go! Hey ho, let's go!

Ramones, Blitzkrieg Bop

Dieser Ansatz lässt sich gut bei Plattformen wie eBay, PayPal oder LinkedIn nachvollziehen. Es war sehr schnell eine bestimmte Größenordnung von Anbietern und Kunden notwendig, die sich den Netzwerken anschlossen. Der Grund: Niedrige Margen erfordern hohe Volumina. Zudem ist es geboten, schneller als die Konkurrenz zu skalieren, weil man in einer globalen Wettbewerbssituation meist nicht weiß, wer wirklich die Konkurrenten sind. Es geht also um Prophylaxe in Form von Geschwindigkeit.

> **»As part of blitzscaling at Uber, managers would ask a newly hired engineer, ›Who are the three best engineers you've worked with in your previous job?‹ And then they'd sent those engineers offer letters. No interview. No reference checking.**
>
> Reid Hoffman

Hoffman betont, dass es vergleichsweise leicht sei, ein Umsatzwachstum und eine Vergrößerung des Kundenstamms zu erreichen. Herausfordernd sei die durch das Wachstum erforderliche Organisationsanpassung. In der Größenordnung kleiner Unternehmen (Familie) und solcher von der Größe eines »Stamms« mit etwa 150 Mitgliedern seien diese Anpassungen relativ problemlos möglich. Schwierig werde es, wenn die Größe von Städten (tausende) oder Nationen (zehntausende) erreicht wird. Dann ändere sich die Organisation und das Zusammenspiel der Unternehmensfunktionen dramatisch.

Bei W. L. Gore & Associates verfolgt man das Prinzip der Zellteilung. Man möchte in etwa bei der Stammesgröße bleiben und teilt eine Organisationseinheit, wenn sie diese Größe überschreitet.

Aus unserer Erfahrung wird diesem Aspekt in der Unternehmenspraxis regelmäßig zu wenig Beachtung geschenkt. Wenn Dinge größer werden, verändern sie ihre Eigenschaften. Skalieren in einem sozialen System ist allerdings nicht gleichzusetzen mit dem Skalieren einer Vektorgrafik, deren Proportionen unverändert erhalten bleiben, wenn man das Objekt mit der Maus von einer Ecke aus größer zieht.

Gscheidhaferl*-Beitrag

Vor allem Naturwissenschaftlern ist geläufig, dass die Eigenschaften eines Objekts nicht dieselben bleiben, wenn man seine Größe verändert. Das liegt daran, dass das Volumen des Objekts schneller wächst als seine Querschnittsfläche. Der britische Physiker Geoffrey West weist in seinem Buch »Scale« darauf hin, dass diese Erkenntnis bereits von Galileo im 17. Jahrhundert festgehalten wurde. Einen ähnlichen Effekt sieht man, wenn Flugzeuge in den Bereich der Überschallgeschwindigkeit vorstoßen. Die zentralen Regeln der Aerodynamik ändern sich dann völlig. Das ist auch der Grund dafür, dass Überschallflugzeuge – man erinnere sich an die Pfeilflügel der Concorde – ganz anders gebaut sein müssen als herkömmliche Passagiermaschinen. In neuen Dimensionen des Wachstums, in diesem Fall der Geschwindigkeit, sind die klassischen Eigenschaften unbrauchbar.

Egal, ob in der extremen Variante des Blitzscaling, durch externes Wachstum in Form von Zukäufen oder durch konsequente Expansion aus eigener Kraft: **Wachstum hat immer Nebenfolgen, auch zahlreiche unerwünschte. Diese sind meist kultureller Art und naturgemäß schwer abzuschätzen und zu managen.** Das erklärt auch die Tatsache, weshalb sie so wenig Beachtung finden und häufig kleingeredet oder ignoriert werden.
Zwar werden Business Cases nach allen Regeln der Zahlenkunst durchgerechnet, vielleicht führt man auch noch eine Cultural Due Diligence durch oder schickt Führungskräfte in die entsprechenden Seminare – doch dann wird einfach gehofft, dass die kulturelle Dynamik mit dem Wachstum und der dadurch veränderten Organisation umgehen kann. Und wieder lässt die Oikodizee grüßen. Wir werden uns gleich genauer mit der Frage der Nebenfolgen auseinandersetzen, zuvor jedoch empfehlen wir eine kurze Reflexionsphase.

* Steht in Bayern und Österreich für »Klugscheißer«.

Intermezzo: Dogma-Challenge

Würden Sie sich mit Ihrem Ersparten an einer Firma beteiligen, deren Credo es ist, auf gar keinen Fall wachsen zu wollen?

»Wachstum um des Wachstums willen ist die Ideologie der Krebszelle.«

Edward Abbey, US-amerikanischer Schriftsteller

Was würden Sie einer befreundeten Start-up-Gründerin raten, die gerade ein vielversprechendes Online-Business aufbaut: a) langsam aus eigener Kraft den Markt erschließen oder b) mit Risikokapital so schnell wie möglich skalieren?

»Wir sollten versuchen, einfach daran zu glauben, dass wir vorankommen werden. Mit besserer Stimmung allein können wir den privaten Konsum ankurbeln und damit Wachstum erzeugen.«

Dieter Zetsche, Ex-CEO DaimlerChrysler AG

Wie hoch ist die Wahrscheinlichkeit, dass eine Unternehmensberatung kein Outsourcing des bislang festangestellten Sicherheitspersonals empfehlen würde, um an anderer Stelle »Wachstumstreiber« nutzen zu können?

»April, windig und trocken, macht alles Wachstum stocken.«

Bauernregel

»Wenn wir Wachstum verhindern, verbieten wir den Menschen zu denken. Nur die Wirtschaft schafft Wohlstand und Wachstum, und dafür müssen die Rahmenbedingungen stimmen.«

Kurt Bock, Ex-Vorstandsvorsitzender BASF

Spielen Sie gedanklich den Fall durch, dass ein CEO bei der Bilanzpressekonferenz offen einräumt, nicht über eine Wachstumsstrategie zu verfügen. Wie würde die Headline in der nächsten Ausgabe der »Wirtschaftswoche« lauten? Wann stünde nach diesem Statement ein Trainerwechsel an?

Würden Sie sich bei einem Unternehmen bewerben, das keine Expansionspläne hat, Ihnen keine Weiterentwicklung in Aussicht stellt und dem Konzept des lebenslangen Lernens skeptisch gegenübersteht?

NEBENFOLGEN IN DEN BLICK GENOMMEN

Vieles in Organisationen ist ungewollt folgenreich. Denn jede Handlung, jede Entscheidung, jede Strategie, alles, was in irgendeiner Form willentlich oder auch unabsichtlich getan oder herbeigeführt wird, ruft eine Vielzahl an Wirkungen hervor. Viele als professionell geltende Verfahrensweisen oder Methoden bringen allerdings neben der erwünschten Wirkung unbeabsichtigte Folgen mit sich. **Es ergeben sich Auswirkungen auf gänzlich andere Spielfelder, die man zuerst nicht im Blick hatte.** Und diese Folgen können fatal sein kann. Die Sensibilisierung für unbeabsichtigte Folgen, insbesondere des für selbstverständlich gehaltenen Wachstumsimperativs, ist unseres Erachtens zwingend nötig, vor allem hinsichtlich der nicht hinterfragten Praktiken modernen Managements, die häufig die Strapazierfähigkeit einer Organisation verhindern.

Schlag nach bei Robert Merton!

Ungewolltes Wachstum durch stumpfe Wachstumsbegrenzung

Hanoi, Anfang des 20. Jahrhunderts: Die Stadt steht unter französischer Herrschaft und soll zum »Paris im Osten« gemacht werden. Sie wird modernisiert, unter anderem wird ein Abwassersystem gebaut. Und das wird schnell ein Fluch, weil es Scharen von Ratten anzieht. Um sich der Pest zu erwehren, engagiert die Regierung vietnamesische Rattenfangkommandos – und setzt auf die klassische Anreizlogik: **pro abgelieferten Rattenschwanz wird ein Cent bezahlt.** Nachdem keine Verbesserung eintritt, gleichzeitig Unmengen von schwanzlosen Ratten gesichtet werden, forscht die Verwaltung nach. Die Erklärung für die fehlgeschlagene Incentivierung: Pfiffige Vietnamesen lassen die Ratten überleben, damit diese sich weiter vermehren können. Und außerhalb der Stadt wird sogar mit der Rattenzucht begonnen, um sich noch mehr Prämien zu sichern.

Welche Rattenfangkommandos schwärmen – gefüttert mit gut gemeinten Fehlanreizen – in Ihrem Unternehmen oder Arbeitskontext aus?

Und wie reagieren Sie persönlich darauf?

Wir arbeiten gerne mit der Metapher des Beipackzettels eines Medikaments. In Organisationen lauten die Pendants zu den Arzneien: Strategien, Instrumente, Methoden, Routinen, Prozesse. **Das genaue Studium des Beipackzettels ist ein gemeinsames Merkmal aller Musterbrecherinnen und Musterbrecher.** Manchmal müssen sie die Rubrik »Risiken, Nebenwirkungen und Gegenanzeigen« zunächst selbst verfassen, weil die Verabreichung der »Organisationsarzneien« so selbstverständlich geworden ist. Diese Sensibilität für potenzielle Folgen ist entscheidend, um die Strapazierfähigkeit von Unternehmen zu steigern. Damit ist nicht die vergebliche Suche nach neuem, sicherem Wissen gemeint, sondern ein waches Interesse an dem, was passieren könnte, wenn man weiterhin auf das bisherige Wissen setzt.

Persönlicher Beipackzettel des Wachstums

Gehen wir davon aus, dass Ihr Unternehmen wachsen will oder dass Sie das in Ihrer Selbstständigkeit tun wollen. Antizipieren Sie die Folgen dieses Wachstumsprozesses.

Weshalb soll dieses Wachstum stattfinden und wozu soll es dienen?

Sind diese Zielvorstellungen konkret genug und ausreichend plausibel – oder handelt es sich um beliebige Gummiargumente à la »Zukunftsfähigkeit«, »besser aufgestellt« oder »schlagkräftiger«? Schärfen Sie gegebenenfalls Ihre Antwort nach.

Was ist der Preis für das Wachstum – und wie hoch ist er?

- Wie verändert sich die Kundenbetreuung? Beschreiben Sie aus Sicht der Kunden die zukünftige Beziehung zu Ihnen?

- Welche Leistungen können durch das Wachstum nicht mehr erbracht werden – und wie relevant wären diese Leistungen im Sinne der Strapazierfähigkeit?

- Würden Sie an bestimmten Stellen *diseconomies of scale* (Größennachteile) diagnostizieren?

- Auf welche bewährten Praktiken und Rituale müssten Sie verzichten?

- Was würde an die Stelle dieser Praktiken und Rituale treten?

- Stellen Sie sich vor, Sie würden in drei Jahren Interviews mit Ihren Mitarbeitenden führen. Wie würden diese auf die umgesetzte Wachstumsstrategie zurückblicken?

- Wer würde das Unternehmen verlassen? Und wie sähe eine Persona aus, für die das gewachsene Unternehmen attraktiv wäre?

Wie gut werden Sie mit Überraschungen umgehen können, wenn der Wachstumsprozess abgeschlossen ist?

Welche erwünschten oder unerwünschten Professionalisierungsmaßnahmen würden ergriffen?

Welche Folgen ergeben sich für die Identität des Unternehmens?

Wie würden Sie Ihre persönliche Strapazierfähigkeit und die Ihres Unternehmens einschätzen? Woran würden Sie das festmachen?

DEM WACHSTUMSZWANG DEN ZWANG GENOMMEN

Die bisherigen Seiten waren für Sie vermutlich eine Zumutung. Zumindest dann, wenn Sie in einem Unternehmen arbeiten, das ohne kulturelle Kollateralschäden und mit der erwünschten Profitabilität erfolgreich einen Wachstumskurs eingeschlagen hat. Vielleicht störten Sie sich auch an dem häufig mitlaufenden kritischen Unterton und an den (übrigens bewusst!) einseitig formulierten Fragen im letzten Absatz.
Hand aufs Herz! Uns geht es nicht darum, Wachstum per se zu verteufeln. Selbstverständlich zeigen die Beispiele von Amazon, LinkedIn & Co., dass Blitzscaling-Ansätze funktionieren und Marktlogiken auf den Kopf stellen können. Wir sind aber überzeugt, dass unreflektiertes Wachstum gemäß einer reinen Effizienzlogik schädlich ist, weil kein Platz mehr für Redundanz ist, die eine zwingende Voraussetzung für Strapazierfähigkeit ist. **Der tedenziöse Ton in diesem Kapitel rührt daher, dass wir für ein Denken in Nebenfolgen werben wollen.** Es wird viel zu häufig über die Nebenfolgen fehlenden Wachstums geklagt, selten wird hingegen der Beipackzettel des Wachtumsmedikaments studiert.

> **» Was an den heutigen Anschauungen über wirtschaftliches und technologisches Wachstum falsch ist, das ist das Fehlen jeglicher Qualifizierung.**
>
> Fritjof Capra

Aufgrund seiner Nähe zur esoterischen New-Age-Bewegung nicht ganz unumstrittener österreichisch-amerikanischer Physiker, Systemtheoretiker und Philosoph.

Bringen wir an dieser Stelle noch eine andere Dimension ins Spiel, die den Wachstumsdiskurs erweitert: **Qualität**. Das zahlenmäßige Größenwachstum ist eben nur die eine Seite, es gibt auf der anderen auch das qualitative Wachstum. Die Schweizer Philosophin Katrin Gentinetta sagt:

»Wachstum ist Entwicklung. Ohne Wachstum entwickeln wir uns als Gesellschaft nicht weiter, wir entwickeln uns als Individuen nicht weiter. (...) Und ich glaube, das ist wirklich in der Natur des Menschen im Innersten drin, jeder Mensch möchte weiterkommen in seinem Leben. Er möchte mehr verstehen, er möchte mehr wissen, er möchte besser werden in dem, was er macht. Und so gesehen ist für mich die Differenz zwischen dem Wachstum, das wir oft da draußen bei der Wirtschaft betrachten, und dem, was uns als Mensch eingeschrieben ist, nämlich dieses Streben, nicht groß oder praktisch nicht vorhanden. Und das bestärkt mich eigentlich noch mal mehr zu sagen, wir müssen diesen Weg weitergehen, weil wir so viele Dinge noch nicht erkannt und noch nicht entwickelt haben, die uns nur zum Besseren führen können.«

Man kann darüber streiten, ob aus dem im Wesen des Menschen verankerten Antrieb des Weiterkommens und der persönlichen Entwicklung die Fortsetzung der wirtschaftlichen Wachstumslogik legitimiert werden kann. Wir wollen aber die Diskussion rund um die Oikodizee nicht erneut aufgreifen, sondern festhalten, so zumindest unsere These, dass Strapazierfähigkeit viel mit der Gleichung »Wachstum ist Entwicklung« zu tun hat.

Wachstum = Entwicklung

Kürzlich führten wir ein Gespräch mit **Caroline von Kretschmann**, Geschäftsführerin des traditionsreichen Hotels »Europäischer Hof« in Heidelberg. Von ihr erfuhren wir, dass in diesem Unternehmen eine hohe Sensibilität für die gefährlichen Folgen einer vermeintlichen Professionalität an den Tag gelegt wird. Es beginnt mit einer Grundeinstellung, die in keinem Businessplan stehen dürfte:

»Es ist überhaupt nicht unsere Intention zu wachsen. Ich werde häufig gefragt, ob wir nicht noch nach München oder Kitzbühel expandieren wollen. Aber das machen wir nicht, sondern setzen auf inneres Wachstum.«

Diese Haltung ist umso überraschender, als von Kretschmann promovierte Betriebswirtin ist und lange Jahre international als Unternehmensberaterin tätig war. Offensichtlich hat sie im Laufe ihrer Karriere viele Manager erlebt, die routiniert die Beipackzettel ignoriert haben – und es daraufhin ganz anders gemacht. Mit ihrer Haltung provoziert sie als Vizepräsidentin im Verband der Familienunternehmer die eine oder andere Diskussion über den Sinn und Unsinn des Skalierungsdenkens. Und im Gegensatz zu manchen Unternehmerinnen und Managern hat von Kretschmann intensiv über die möglichen Folgen einer einseitigen Effizienzorientierung nachgedacht – und einen unüblichen Weg eingeschlagen: »Ich habe überhaupt keine Lust darauf, dass unser Hotel so durchrationalisiert ist. Wir würden keine Entscheidung treffen, die zu Lasten unserer Mitarbeiter geht, beispielsweise Outsourcing zu betreiben, um dadurch 200 000 Euro zu sparen. Wir leisten uns den Luxus, das nicht zu tun. Natürlich haben wir funktionierende Prozesse, aber Effizienz ist nicht unsere Ausrichtung.« Im Europäischen Hof gibt es daher etwas, was heutzutage undenkbar erscheint: eine eigene Wäscherei, Polsterei, Schneiderei, Malerei und eine Elektrowerkstatt – mit festangestellten Mitarbeitenden!

Mit dem angesprochenen inneren Wachstum meint von Kretschmann übrigens etwas anderes als quantitatives Unternehmenswachstum aus eigener Kraft. Es geht ihr vor allem um die oben angesprochene Entwicklungsperspektive: **Mitarbeitende, die an ihren Aufgaben wachsen, experimentieren, Verantwortung übernehmen und bessere Angebote für die Kunden schaffen.**
Genau daraus speist sich die Fähigkeit, mit Überraschungen umzugehen, wie man zu Beginn der Corona-Pandemie unter Beweis stellen konnte. Weil man immer schon im Fenster der Strapazierfähigkeit eingerichtet und zudem krisenerprobt war, gelangen problemlos der Sprung in eine Phase der Kurzarbeit und auch der ebenso schnelle Weg zurück. Wichtig erscheint

uns auch von Kretschmanns Überzeugung, dass eine Expansion an andere Standorte gefährliche Nebenfolgen mit sich bringen würde. Ganz sicher wäre es unmöglich, den Esprit und die Kultur eines Familienhotels zu duplizieren.

Schon mal aufgefallen? Eine polemische Beobachtung …

Je mehr Filialen ein Unternehmen aufbaut und je klassischer es skaliert, desto bemühter und nervtötender sind die Beteuerungen, immer noch ein Familienunternehmen mit individuellem Service zu sein, in dem man sich zu Hause fühlen kann. Zählen Sie doch einmal nach, auf wie vielen Brötchentütchen sich der Hinweis »Privatbäckerei mit Tradition« oder »Brotmanufaktur seit 1956« findet. Die Bäckerei gehört selbstverständlich zu einem Konzern, der nach einem CEO-Wechsel im Zuge einer Wachstumsstrategie alle lokalen Bäckereien aufgekauft hatte. Das merken Sie spätestens dann, wenn Sie beim Verlassen des Geschäfts den LKW (verpflichtende Aufschrift: »Wir lieben unser Bäckerhandwerk!«) sehen, der die Waren zum Aufbacken angeliefert hat.

Fleißaufgabe: Wie viele kleine Geschäfte im In-Stadtviertel Ihres Vertrauens heißen noch nicht »Manufaktur«?

Es gibt inzwischen einige Beispiele von Wachstumsverweigerern, die sich im Markt behaupten. Diese sind erwartungsgemäß nicht unter größeren Unternehmen zu finden. Dazu zwei Schlaglichter:

Die **Richard Henkel GmbH** in Forchtenberg produziert mit knapp 50 Mitarbeitenden für Privatkunden und die Hotellerie unter anderem die zu Klassikern gewordenen Stahlrohrliegen, die mit Plastikschnüren bespannt sind. Aufträge sind auch dann willkommen, wenn die Kunden gar keine neuen Liegen kaufen, sondern diese nur reparieren lassen wollen. Es kommt vor, dass heute noch Produkte neu bespannt werden, die in

Ein Artikel von Steve Przybilla in der Oktober-Ausgabe 2021.

den 1950er-Jahren hergestellt wurden. Die überraschend klare Ansage: »Wir wollen gar nicht wachsen«, so die Geschäftsführerin Susanne Henkel in einem Interview mit der Zeitschrift »Impulse«. Dennoch ist man an Gewinn interessiert, der in guten Jahren bei knapp 500 000 Euro liegt. Strapazierfähig wird man durch gnadenlose Effizienz an den richtigen Stellen (ständige Prozessverbesserung, penible Ressourcen- und Energieeinsparung, Lifecycle-Management, Müllvermeidung etc.) bei gleichzeitigem Aufbau von Redundanzen – Wachstum im Sinne von persönlicher Entwicklung und Kompetenzaufbau. So entschied man sich während der Corona-Pandemie nicht für Kurzarbeit, sondern feilte daran, die Mitarbeitenden zu »eierlegenden Wollmilchsäuen« zu machen. Mitarbeitende mit geringerer Auslastung halfen in anderen Abteilungen aus oder nutzten die Zeit für das Nachdenken über und das Ausprobieren von Innovationen.

Die bereits vorgestellte allsafe GmbH aus dem badischen Engen ist ein Musterbeispiel für Strapazierfähigkeit. Dieser badische Mittelständler mit knapp 300 Mitarbeitenden stellt Ladegutsicherungssysteme her und ist für uns ein Musterbeispiel für Strapazierfähigkeit. Man beherrscht dort die Balance zwischen Effizienz und Redundanz. Eine neue Weichenstellung wurde erst in jüngerer Zeit vorgenommen: Man etabliert parallel ein Businessmodell, das die Skalierungslogik des angestammten Geschäfts angreift. Es gibt gewisse Parallelen zur oben vorgestellten Richard Henkel GmbH, weil man nun die Reparatur von Produkten anbietet – und zwar auch von solchen, die von den Kunden bei der Konkurrenz gekauft wurden. »Wir bieten an, solche Sperrstangen und Doppelstockbalken abzuholen, zu prüfen, zu reparieren und mit frischer UVV-Plakette wieder zum Kunden zu liefern«, sagt Geschäftsführer Jens Laufer, »und zwar zum Festpreis.« Falls ein Produkt nicht mehr reparabel sein sollte, tauscht es allsafe gegen ein generalüberholtes oder neues Teil zum Reparaturpreis aus.

Wir wiederholen uns bewusst: **Auch diese Beispiele zeigen, dass es nicht darum geht, der Schrumpfung das Wort zu reden. Das wäre, wie wir gezeigt haben, auf makroökonomischer Ebene ein nicht zu vertretendes Vabanquespiel.** Und wenn man die qualitative Dimension des Wachstums im Sinne von Entwicklung, Entfaltung, Lernen und Wissensvergrößerung berücksichtigt, auch wider die menschliche Natur.

> **» Es ist ein Dilemma: Ohne Wachstum geht es nicht, komplett grünes Wachstum gibt es nicht, und normales Wachstum führt in die ökologische Katastrophe. Es bleibt nur ein pragmatisches Trotzdem: trotzdem wenig fliegen, trotzdem Abfall vermeiden, trotzdem auf Wind und Sonne setzen, trotzdem biologische Landwirtschaft betreiben.**
>
> Ulrike Hermann

Strapazierfähigkeit heißt, mit diesem Dilemma umzugehen. Und es ist eine ziemlich gute Idee, sich darüber Gedanken zu machen, welche für die Wirtschaft und für die Menschen wichtigen Dinge ungewollt schrumpfen, wenn man einer rein quantitativ ausgerichteten Wachstumslogik folgt.
Es geht darum, nicht nach weiteren Effizienzpotenzialen für Wachstum zu sorgen, sondern bei allen Wachstumsgedanken die Redundanz-Seite im Modell von Ulanowicz ebenso miteinzubeziehen.

Wie also sieht Ihr »pragmatisches Trotzdem« aus?

Wie lautet Ihre persönliche Wachstumsstrategie – mit Blick auf Ihr Unternehmen oder für Sie ganz persönlich?

Welche Experimente könnten für Klarheit sorgen, ob Sie mit dieser Strategie auf dem (für Sie) richtigen Weg sind?

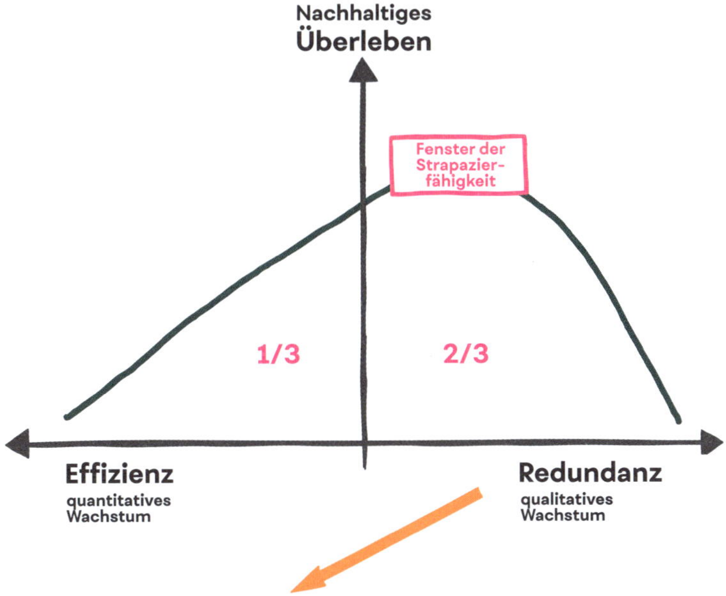

Redundanzwachstum ist eine qualitative Form des Wachstums und heißt mehr …

Und welches Experiment starten Sie, um für Redundanzwachstum zu sorgen?

EXPERIMENTIERFELD 4

TOLL, EIN ANDERER MACHT'S!

Warum wir Teams lieben, vor allem in Blockbustern, was man vom Militär über gute Teams lernen kann, weshalb man in Teams erst einmal verschwenden muss, was ein Gremium von einem Team unterscheidet und warum sich ohne psychologische Sicherheit nie ein Hochleistungsteam entwickeln kann.

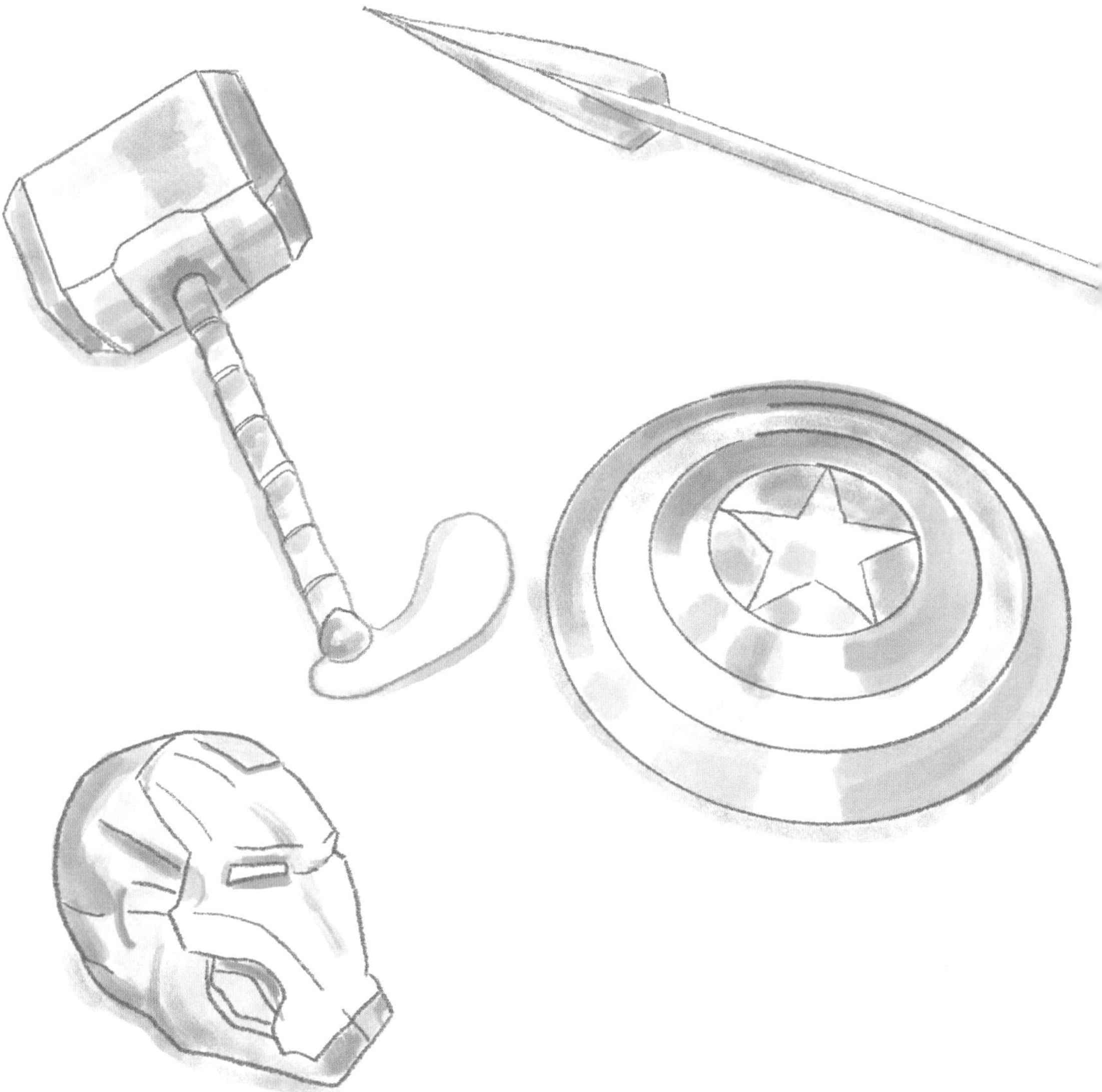

Wie oft haben Sie, wenn es um Teambuilding oder Ähnliches ging, schon den Gag gehört: »Weißt du, für was TEAM steht? – Toll, Ein Anderer Macht's!«

Menschen lieben Helden, vor allem Superhelden. Und wenn man sich die erfolgreichsten Filme mit den höchsten Einspielergebnissen anschaut, muss man feststellen, dass sich – mit Ausnahme von »Titanic« – eine Geschichte wie ein roter Faden durch diese Blockbuster zieht:

Nur im Team kann man das Böse besiegen!

Dieses Böse ist in der Regel männlich. Es schickt seine Schergen los, die Welt zu vernichten. Oft kämpfen die Helden zu Beginn noch gegeneinander und durchlaufen dann, wenn ihnen klar ist, dass sie es nur gemeinsam schaffen, fast schablonenartig die **vier Phasen der Teamuhr** nach **Bruce Tuckmann** von 1965: Forming – man tastet sich ab, Storming – Konflikte treten auf, Norming – Rollen werden geklärt und schließlich Performing – Hand in Hand siegt das Team.
Und selbst James Bond, der sich als Einzelgänger durch seine Agentenwelt schlägt und diverse Schurken besiegt, schafft das mittlerweile nur im Team gemeinsam mit M, Q, Moneypenny und diversen Bondgirls. (Übrigens liegt »Skyfall« als erfolgreichster Bond-Film auf Platz 34 mit 1,1 Mrd U$ Umsatz.)

Teams sind also in.

Auch an den Kinokassen zeigt sich, dass der Teamgedanke en vogue ist. Das darf nicht verwundern, da Menschen soziale Wesen mit einem sozialen Organ – dem Gehirn – sind. Allein gelingt selten etwas Großes. Menschen brauchten immer andere, die ihnen geholfen haben. Zwar sind die Geschichtsbücher voll

	TITEL	EINSPIEL-ERGEBNIS	TEAM-GESCHICHTE
1	Avatar	2,92 Mrd. U$	Ein Team aus Menschen und Na'vi bekämpft einen bösen Konzern (Resources Development Administration).
2	Avengers: Endgame	2,79 Mrd. U$	Superhelden werden zum Superteam und bekämpfen mit vereinten Superkräften erneut den Superschurken Thanos.
3	Avatar: The Way of Water	2,32 Mrd. U$	Ein Team aus Menschen und Na'vi bekämpfen erneut den bösen Konzern (Resources Development Administration).
4	Titanic	2,26 Mrd. U$	
5	Star Wars: The Force Awakens	2,07 Mrd. U$	Prinzessin Leia, Poe Dameron, FN-2187, Rey und andere bekämpfen als Team den Imperator.
6	Avengers: Infinity War	2,05 Mrd. U$	Superhelden werden zum Superteam und scheitern mit vereinten Superkräften gegen den Superschurken Thanos, der die Infinity Steine an sich bringt.
7	Spider-Man: No Way Home	1,92 Mrd. U$	Spider-Man und Dr. Strange erzeugen versehentlich Risse im Multiverse. Nur als Team mit anderen Spider-Men gelingt es, die auftauchenden Schurken, die nicht als Team agieren, zu besiegen.
8	Jurassic World	1,67 Mrd. U$	Eine Gruppe von Ex-Militärs, Forschern und Park-Rangern kämpft gegen ausgebrochene Dinosaurier und siegt im Team.
9	The Lion King	1,66 Mrd. U$	Die Junglöwen Simba und Nala, das Erdmännchen Timon und das Warzenschwein Pumbaa besiegen den intriganten Brudermörder Scar.
10	The Avengers	1,52 Mrd. U$	Direktor Fury formt aus den Avengers ein Team, um Loki und die Streitmacht der Chitauri zu besiegen und das geöffnete Portal wieder zu schließen.

Quelle: Daten aus Wikipedia

mit Helden und Heldinnen, aber wenn man sich mit ihnen beschäftigt, wird klar, dass auch sie andere Menschen im Hintergrund hatten. Nicht immer ein Team, zugegeben. Manchmal auch nur einen Kreis von Experten. Auch in Organisationen und im Management hat es sich mittlerweile herumgesprochen, dass mit heroischen Einzelkämpfern kein Staat mehr zu machen ist, wenn man für die Zukunft gerüstet sein möchte. Es ist also lohnend, sich mit Teams näher zu befassen.

Doch wen braucht man, um ein gutes Team zu formen? Sind Teams für jede Aufgabe geeignet? Welche Rahmenbedingungen sind notwendig, damit ein Team seine Kraft entfalten kann?

WAS MACHT EIGENTLICH EIN GUTES TEAM AUS?

Seit Februar 2022 wird man wieder täglich mit militärischen Themen konfrontiert. Mit Analogien zwischen Führungs- und Organisationsfragen einerseits und dem Militärkontext andererseits ist es so eine Sache, weil in ihnen häufig ein überkommenes Führungsverständnis vermutet wird. Wir versuchen es dennoch, zumal die üblichen Teambeispiele aus dem Sport, vornehmlich aus dem Fußball, langsam das Niveau einer Überdosis erreicht haben. Außerdem wird oft in Unkenntnis des Prinzips der Führung nach Auftrag (und nicht nach Befehl) und der Inneren Führung zu schnell negativ über die Bundeswehr geurteilt.
Es gibt ein historisches Beispiel, das vor allem für die Diskussionen rund um Teams erhellend ist. Zwar können wir trotz intensiver Recherche nicht sicher sagen, ob sich der Vorfall exakt in dieser Form zugetragen hat. Doch diese Geschichte illustriert sehr gut, was ein schlagkräftiges Team auszeichnet.

Klug degradiert: Die Situation entscheidet

Es ging um eine US-Spezialeinheit im Vietnamkrieg, die im Vergleich zu ihren Nachbareinheiten erstaunlich wenig Verluste zu verzeichnen hatte. Dabei war es nicht so, dass sie geschont worden wäre oder die ungefährlicheren Aufträge bekommen hätte. Und dennoch erfüllte sie ihre Aufgaben erfolgreicher. Die vorgesetzten Kommandeure konnten sich dies nicht erklären. Erst nach mehreren Nachfragen und der Zusicherung, keine disziplinarischen Folgen fürchten zu müssen, selbst wenn man gegen Befehle und Hierarchien gehandelt haben sollte, äußerte sich der Einheitsführer: Nachdem er den jeweiligen Einsatzbefehl erhalten hatte, kam die Einheit wie üblich zur Befehlsausgabe zusammen. Doch man tat noch mehr. Jeder Soldat, vom Offizier bis zu den Mannschaftssoldaten, warf sein Dienstgradabzeichen in die Mitte, und die Gruppe entschied, wer welche Rolle, wer welche Führungs- oder Spezialaufgabe im bevorstehenden Einsatz übernehmen sollte. Und so konnte es durchaus sein, dass die Hierarchie komplett auf den Kopf gestellt wurde. Am Ende der Mission wurde eine Nachbesprechung abgehalten und man fragte sich, was gut und was schlecht gelaufen war.

Diese Episode zeigt: Echte Teams können erfolgreicher sein als herkömmliche, arbeitsteilig zusammengestellte Gruppen, in denen die Führungskraft die Befehle gibt und von der einmal festgelegten Zusammensetzung mit den entsprechenden Aufgabenbeschreibungen nicht abgewichen wird. Offensichtlich geht es darum, die Zusammenstellung von Menschen in einer Gruppe konsequent der Problemsituation und den jeweils benötigten Fähigkeiten anzupassen.

Teams können sich je nach Problem neu formieren und Verantwortungen umverteilen.

Diese Erkenntnis bedarf einer Schärfung, weil derzeit viel von wechselnden Rollen ein- und derselben Person gesprochen wird und auch der Alltagsverstand die Regel vorgibt, dass Aufgaben von jenen zu erfüllen sind, die diese am besten beherrschen. Es wird viel darüber geforscht, wie Teams zusammengesetzt sein müssen, um gut zu funktionieren. So wurde herausgefunden, dass zum Beispiel eine **gleichmäßig verteilte Interaktion zwischen den Teammitgliedern** wichtig ist, ebenso wie der Frauenanteil. Aber dazu später mehr. Zunächst ist zu fragen, wann man nicht auf Teams setzen sollte und welche unerwünschten Nebenwirkungen sie mit sich bringen können?

WANN SIND TEAMS KEINE GUTE IDEE?

Alle Begriffe, die »Team« enthalten – etwa Teamstruktur, Teambildung, Teamarbeit – klingen sofort sympathisch. Man nickt und setzt ohne weiteres Nachdenken einen Haken daran. Damit ist »Team« so vorbehaltlos positiv besetzt wie Wertschätzung, Vertrauen, Nachhaltigkeit und all die anderen Leitbildbausteine. Doch nicht für jedes Problem ist ein Team die richtige Lösung.

Teams müssen sich finden. Und auch wenn es immer wieder Kritik an der sehr schematischen Darstellung der oben bereits erwähnten Teamuhr von Tuckman gibt, so zeigt sie, dass eine Gruppe von Menschen, die als Team ein Problem lösen will, einige Phasen durchlaufen muss, bevor sie performen kann. Wenn man sich also die Effizienz eines Teams bei der Lösung unterschiedlichster Probleme anschaut, kommt man zu dem Schluss, dass in erster Linie Zeit und andere Ressourcen in dieses Team »verschwendet« werden müssten, bevor es sein Effizienzpotenzial ausschöpfen kann. Das ist anders bei einer konsequent arbeitsteilig organisierten Gruppe, die ohne diese Rüst-, Findungs- und Einschwingkosten auskommt.
In vielen Organisationen werden diese »Startinvestitionen« regelmäßig vergessen oder zumindest deutlich unterschätzt. Egal, ob auf der Führungsebene oder an der Basis, in die Vorlaufphase der Verschwendung wird viel zu wenig investiert, sofern man sich der Notwendigkeit überhaupt bewusst ist.

Tuckman meets Redundanz und Effizienz

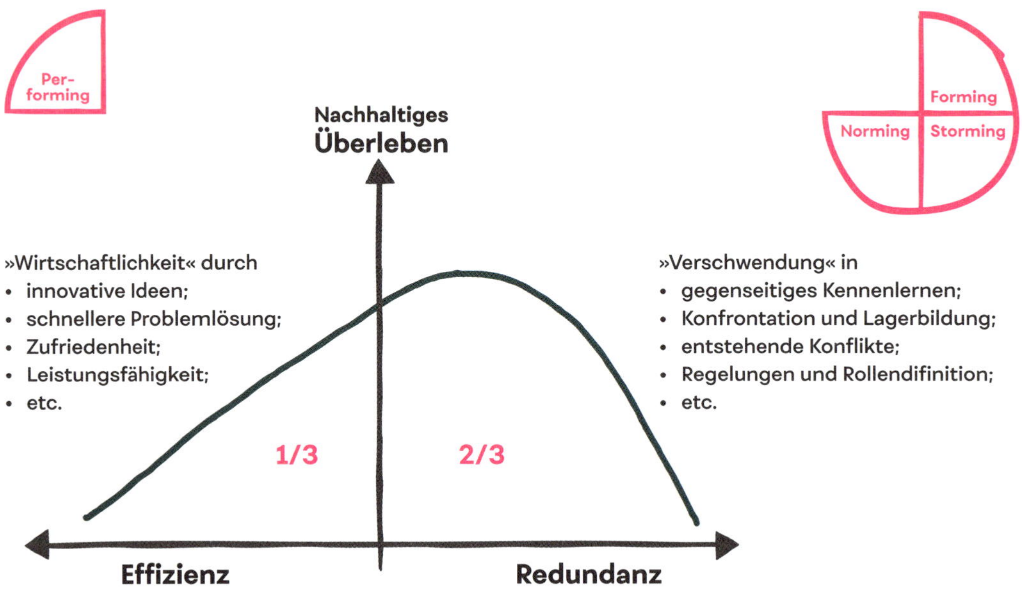

Anleitung zur Verhinderung von Teams

Die Zusammenstellung erfolgt nach formalen und fachlichen Notwendigkeiten.

Teams werden nach der Kompetenz der Individuen ausgesucht und selten danach, ob die Menschen zueinander passen. Es ist ein Irrglaube, dass solche nach formaler Qualifikation besetzten Gruppen zu einem Team werden. Es findet keine Auseinandersetzung darüber statt, warum man überhaupt als Team agieren soll oder muss. Man verschwendet keine Zeit für das Forming und Storming, wenn überhaupt, dann nur für das Norming.

Eine Gruppe von Fachleuten sucht die Teammitglieder aus.

Fachführungskräfte, möglicherweise unterstützt von der HR-Businesspartnerin, entscheiden nach Kriterien der Fachkompetenz, wer einem Team zugehören sollte. Der Modus der »freiwilligen Initiativmitgliedschaft« wird aus Zeit- und Effizienzgründen verworfen.

Man »schließt sich zwei Tage ein«, um zum Team zu werden.

Dem potenziellen Team werden zwei Tage Teambuildung verordnet. Man baut gemeinsam aus provisorischen Bauteilen ein Floß und fordert zum krönenden Abschluss das Nachbarteam zur Wettfahrt heraus. Oder man sichert sich gegenseitig beim Abseilen von einer Felswand, klettert in einem Hochseilgarten durch die Baumwipfel oder kocht gemeinsam ein Drei-Gänge-Menü. Alles unter Anleitung und der Führung von Profis, von der Bergführerin bis zum Koch. Mit Sicherheit stärkt ein solches Erlebnis die gemeinsame Erinnerung und man kann noch Jahre später davon erzählen. Mit dem Team, das im Alltag ein Kundenprojekt stemmen muss, hat das wenig zu tun. Die Aktion kann maximal ein erster Anstoß sein. Das eigentliche Team muss sich danach finden.

Ihr Beispiel in der Teamentstehung:

Bereits in den 1970er-Jahren hat **Irving Janis** das **Groupthink-Phänomen** erforscht. Er zeigte auf, dass Entscheidungen von kompetenten Spezialisten im Team schlechter ausfallen können, als wenn sie diese allein getroffen hätten. Der Grund ist die Anpassung an die erwartete Mehrheitsmeinung.
Die beiden Professoren **Cass R. Sunstein und Reid Hastie** haben diese Forschung aufgegriffen und nach Gründen gesucht, warum es zu diesen negativen Effekten im Gruppendenken kommen kann. Die zwei wichtigsten:

Treiber

1. **Falsch gedeutete Informationssignale**
   Beim Voneinanderlernen der Teammitglieder kommt es zu Fehlinterpretationen.

2. **Reputationsdruck**
   Aus Angst vor Abwertung durch andere Personen im Team hält man die eigene Meinung zurück.

Diese Treiber führen zu vier Mustern, die beim Scheitern von Teams in ähnlicher Form immer wieder beobachtet werden:

Muster des Teamversagens

Muster 1: **Irrtümer einzelner** Mitglieder werden nicht identifiziert und nicht angesprochen.

Muster 2: Sogenannte **Kaskadeneffekte** führen dazu, dass der zuerst geäußerten Meinung oder Handlung gefolgt wird und man der eigenen Überzeugung nicht treu bleibt.

Muster 3: Sich gegenüberstehende Meinungen werden durch den **polarisierenden Effekt** in Gruppen noch verstärkt, eine Einigung wird immer unmöglicher.

Muster 4: Informationen, die nur einzelnen Mitgliedern bekannt sind, werden kaum berücksichtigt. Man greift auf die **Mehrheitsmeinung** zurück, auf Wissen, das alle teilen.

Aus unserer Sicht sind das wichtige und erhellende Erkenntnisse, vor deren Hintergrund in der Praxis die Frage gestellt werden muss, ob und in welchen Fällen überhaupt ein Team benötigt wird und arbeitsteilige Einzelkompetenzen vielleicht nicht zielführender wären.

GRUPPE – TEAM – MANNSCHAFT, DER VERSUCH EINER ABGRENZUNG

Wir machen die Erfahrung, dass Teams ihre Stärken genau dann entfalten, wenn es darum geht, **unsichere und insbesondere ungewisse Situationen zu meistern.** Bevor wir diese Überlegung vertiefen, lohnt sich die Abgrenzung des Teambegriffs von verwandten Konstellationen, in denen Menschen gemeinsam Aufgaben lösen. Seinen Ursprung hat der Begriff im Englischen und meinte dort ursprünglich Mannschaft, Arbeitsgruppe, aber auch Nachkommenschaft, Familie und Gespann. Doch das war's schon. »Team« ist entweder gar nicht oder höchst unterschiedlich im Organisationskontext definiert. Jedenfalls wird der Begriff inflationär gebraucht, weil er für das Zeitgemäße jenseits der klassischen Hierarchien steht. Gegen Teamarbeit wird selten ein Einwand erhoben.

Wie unterscheiden Sie folgende Begriffe?

Gruppe

Netzwerk

Team

Mannschaft / Frauschaft

Einheit

...

Unternehmen wir den Versuch einer Sortierung.

Es gibt Gruppen von Menschen, die zufällig oder gewollt zusammenkommen. Man kann sich in Netzwerken im einen Fall zeitlich begrenzt, im anderen auf Dauer zusammenfinden. In einer Abteilung oder Organisationseinheit kann arbeitsteilig zusammengearbeitet werden, ebenso wie in losen oder festen Arbeitsgemeinschaften. Etwas anderes sind **Gremien**. Sie werden dann gebildet und sind im Grunde auch nur nötig, wenn etwas gemeinsam zu entscheiden ist. **In der Regel geht es darum, definierte Optionen abzuwägen und gemeinsam die beste zu wählen, um Probleme zu lösen, die so oder so ähnlich schon häufiger gelöst wurden.** Ob von der Organisation selbst oder einer anderen.

Ein Gremium ist noch lange kein Team.

Es lässt sich darüber streiten, ob in solchen Fällen überhaupt von einem Entscheiden im strengen Sinne gesprochen werden kann. Schließlich liegen die Alternativen auf dem Tisch und sortieren sich bis zu einem gewissen Maße »von selbst« aus. Würde, ja würde der Entscheider nun auch wirklich die beste Alternative auswählen.

Doch die Entscheidungsrealität ist eine andere. Erstens entscheiden Menschen nie nur nach rationalen Gesichtspunkten, das wissen wir spätestens seit dem Nobelpreis für Wirtschaftswissenschaften 2002, den **Daniel Kahneman** »für das **Einführen von Einsichten der psychologischen Forschung in die Wirtschaftswissenschaft, besonders bezüglich Beurteilungen und Entscheidungen bei Unsicherheit«,** erhielt. Und zweitens wäre die Auswahl der Kriterien, nach denen man »besser« und »schlechter« definieren würde, selbst bereits wieder eine Entscheidung vor der Entscheidung.

Vermutlich kennen Sie sein Buch »Schnelles Denken – langsames Denken«. Kahneman verstarb im März 2024.

> **Sobald man davon ausgeht, dass die Menschen eben nicht komplett rational handeln, wird man auch nicht mehr annehmen, dass die Leute die besten Entscheidungen treffen.**
>
> Daniel Kahneman

Ab und zu hört man von Politikerinnen und Wirtschaftsbossen: »Diese Entscheidung war alternativlos.« – Diese Aussage ist ein Oxymoron!

Wir sprechen auch in den Fällen, die »nur« als kompliziert, aber nicht als komplex zu bezeichnen sind, dennoch von Entscheidung. Schließlich fließen in den Entscheidungsprozess stets die individuelle Beobachterperspektive und mit ihr die subjektiven Wahrnehmungen und Interessen ein. Außerdem können in komplizierten Situationen zwei oder mehr gleichwertige Optionen nebeneinander existieren, über die dennoch entschieden werden muss. Die Entscheidung fällt also nur im Ausnahmefall von selbst. Im Sinne der Reproduktion von Organisation (siehe Experimentierfeld 4) müssen ständig Entscheidungen getroffen werden – und wenn es nur die ist, dass nichts zu entscheiden ist.

Wir bleiben dabei: In Organisationen muss entschieden werden.

Gremien entscheiden auf der Basis von Optionen und Alternativen über bekannte Probleme, die früher schon einmal gelöst wurden.

Unabhängig davon »verdienen« aus unserer Sicht weder sich spontan oder geplant formierende Netzwerke, kooperierende Gruppen innerhalb der Hierarchie noch Arbeitsgemeinschaften oder eben Gremien das Teamattribut.

Von einem Team lässt sich sprechen, wenn eine Gruppe von Menschen auf ein Problem trifft, für das es zuvor noch keine Lösung gab. Dabei ist es unerheblich, ob das Problem selbst gemacht beziehungsweise selbst gewählt oder von außen vorgegeben ist.

Teams entscheiden über Ideen zur Lösung von Problemen, mit denen man bislang noch nicht konfrontiert war.

Während also in Gremien Fachwissen aufeinandertrifft, das nach möglichst rationalen Entscheidungskriterien eine Entscheidung für ein bekanntes Problem im Konsens (oder gerne auch im Konsent) sucht, bringen Teams vielfältige Ideen zur Lösung eines unbekannten oder neuen Problems mit, um dann eingeschwungen – in Resonanz – ein gutes Gefühl zu haben, welche Idee man gemeinsam ausprobieren sollte.

Konsens: Alle sagen JA.

Konsent: Niemand sagt NEIN.

In der realen Welt wird man weder auf Gremien oder Teams in ihrer Reinform treffen. **Ein Gremium hat immer Teamanteile und ein Team immer auch gremienartige Entscheidungsaufgaben.** Dennoch fehlt dieses Bewusstsein in der Praxis häufig, wenn man von Teams spricht.

Gremium oder Team? Eine Frage der Balance, je nach Problemlage!

Wir sind wieder bei unserem Militärbeispiel. Die Einheit wurde in dem Moment zum Team, als nicht klar war, was auf sie zukam. Im sogenannten Friedensbetrieb, an den sich der eine oder die andere aus Wehrdienstzeiten noch erinnern mag, war ein Team nur selten gefordert. Hier galt es, etwas zu lernen, was andere zuvor bereits gelöst hatten: wie man einen Panzer fährt, aus einem Flugzeug springt, seine Waffe handhabt und wie man im

Problem ist nicht gleich Problem

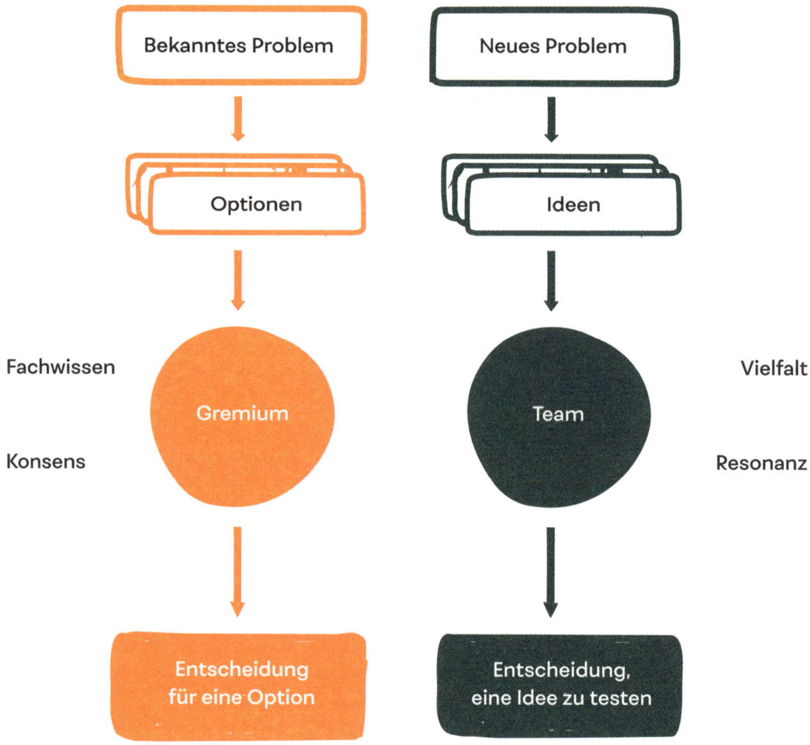

Verbund mit den anderen Soldatinnen und Soldaten eine Stellung ausbaut und dann auch verteidigt. Für all das ist kein Team notwendig. Die Herausforderung, so groß sie auch sein mag, beschränkt sich auf das Verinnerlichen von Theorie, die nach klaren Regeln in die Praxis umgesetzt wird.

Teams werden erst dann gebraucht, wenn, meist bedingt durch den Feind, aber auch in Situationen der Amtshilfe bei einer Flutkatastrophe, Situationen entstehen, die von Unsicherheit oder Ungewissheit geprägt sind. Dessen waren und sind sich viele Militärs bewusst. So sagte Helmuth Graf Moltke bereits Ende des 19. Jahrhunderts: »Kein Plan überlebt die erste Feindberührung.« Und formal gibt es in der Bundeswehr seit ihrer Gründung das Prinzip des Führens nach Auftrag. Das bedeutet: Es wird ein zu erreichendes Ziel definiert und es bleibt den Soldaten in der Situation vor Ort überlassen, wie es erreicht wird. Anders als beim Führen nach Befehl: Hier wird gemäß Vorabbefehl festgelegt, wie genau jeder Einzelne vorzugehen hat. Wie schwierig es dennoch ist, dieses sinnvolle Prinzip des Führens nach Auftrag dann auch als Team umzusetzen, zeigt folgendes Beispiel:

Lebensgefährlich: Ungewissheit negieren

Vor einigen Jahren führten wir ein Interview mit einem Hauptmann der Kommando Spezialkräfte (KSK) der Bundeswehr. Er war einer der ersten KSK-Offiziere, der dieser 1996 gegründeten Spezialeinheit angehörte. Die Bundeswehr war bis dahin kaum einsatzerfahren und kampferprobt. Als er 1999 mit seinem Trupp als erster deutscher Soldat den Kosovo betrat, um dort Verbindung mit den kriegsführenden Parteien aufzunehmen, mussten er und die ihm unterstellten Soldaten erst ihre Teamfähigkeit unter Beweis stellen, denn die Sicherheit aus dem Friedensbetrieb gab es nicht mehr. Diese Situation der Verunsicherung schilderte er uns sehr beeindruckend: »Wenn ich an meinen Einsatz zurückdenke, dann ist dieses Bild geprägt von Unsicherheit – auch meiner eigenen. Das liegt vermutlich daran, dass die Rationalität und die Logik, mit denen wir im tiefsten Frieden trainiert worden waren, nur sehr wenig mit der Realität zu tun hatten, auf die wir stießen. Wir wurden immer wieder mit Situationen konfrontiert, die anders waren, als wir sie uns im Vorfeld vorgestellt hatten. Wir sind auf Kräfte getroffen, von denen wir nichts wussten und über die wir keine Informationen hatten. Auf einmal waren Banden da, die aus Albanien in das Land kamen und plünderten und eine viel größere Bedrohung als die Serben oder die UČK darstellten. Zusätzlich prasselten auf uns Informationen ein, die niemand zuordnen konnte; es war unmöglich, wichtige von unwichtigen zu unterscheiden. Beängstigend war, wie die Führung an den antrainierten Mustern festhielt, die eigenen Entscheidungen aus einer theoretischen Brille heraus fällte, sich aus meiner Sicht nicht flexibel auf die andere Realität einstellen konnte und wollte. Typisch war das Zurückziehen der oberen Führung auf Kleinstschauplätze, die man noch handhaben konnte. Man hat nur noch selektiv wahrgenommen, ich würde sogar behaupten, bewusst selektiv wahrgenommen.«

Ähnliches sehen wir immer wieder in Organisationen, auch wenn man es dort glücklicherweise nicht mit lebensgefährlichen Kriegseinsätzen zu tun hat und allein deshalb ein Vergleich mit aller Vorsicht zu ziehen ist. Wie bereits mehrfach und besonders im Experimentierfeld 1 dargestellt, sind Unternehmen mit Unsicherheiten, häufig sogar mit Ungewissheiten konfrontiert. Die Dynamik der Märkte führt zu Überraschungen oder die Führungskräfte und Mitarbeitenden sorgen durch ihr Handeln selbst für Überraschungen, mit denen (und das ist nun einmal der Wesenskern von Überraschungen!) nicht zu rechnen war.

Überraschungen kommen überraschenderweise überraschend.

So sieht man sich auf einmal mit neuen Wettbewerbern konfrontiert, Produkte werden substituiert, gesetzliche Regularien verbieten plötzlich gewohnte und eingeübte Verfahren, Kunden orientieren sich neu, Werte verschieben sich, Technologien veralten. Und auch hier ist es irritierend, wie sehr Führung an antrainierten Mustern festhält. **Statt auf die »Spezialkräfte« eines Teams zu vertrauen, fährt man mit der eingeübten Gremienlogik fort.** Man sucht nach bekannten Optionen und entscheidet mit Blick darauf, was in der Vergangenheit funktionierte, um sich dann zu wundern, dass die Lösungen mit der Realität, auf die sie stoßen, nur sehr wenig zu tun haben.

Ignoranz: Unbeirrt auf bekannte Gremienlogik setzen.

Und selbst, wenn man eine Teamlogik im Sinn hat und an die problemlösende Kraft des Kollektivs glaubt, passt häufig der Rahmen nicht.

Lose-lose-Situationen – Teamstrukturen ohne gemeinsame Aufgabe

So wurden zum Beispiel bei einem großen Unternehmen im Dienstleistungssektor Teamstrukturen eingeführt, weil man sich von ihnen größere Flexibilität und Agilität erhoffte. Zudem sollte Teamarbeit zu mehr Mitarbeiterzufriedenheit führen. Jedes Team war für ein Kundensegment zuständig. Doch die verschiedenen Kunden des Segments kauften unterschiedliche Dienstleistungen ein. Für jede Dienstleistung war es den Kunden wichtig, einen konkreten und kompetenten Ansprechpartner zu haben. Sie wollten sich nicht an ein Team wenden. Auch die Mitarbeitenden selbst sahen nicht den Mehrwert des Teams. Plötzlich war man mit Kolleginnen und Kollegen zusammengeworfen worden, mit denen man allenfalls an definierten Schnittstellen zu tun hatte, deren Aufgabe man aber selbst nicht bearbeiten konnte. Und auch wenn das im einen oder anderen Fall möglich gewesen wäre, hatte man nicht die notwendigen Datenschutz- und IT-Berechtigungen, sich wechselseitig zu unterstützen.

Das Grundproblem: Es fehlten der formale Rahmen und eine gemeinsame Aufgabe, die nur zu lösen ist, wenn das Team zusammenarbeitet. Stattdessen verlor man Zeit mit Absprachen, die nur Einzelne betrafen. Es wurden zunehmende Ineffizienzen beklagt. Führungskräfte griffen auf einzelne Mitarbeiterinnen und Mitarbeiter zu und gaben Einzelanweisungen. Vom Management wurde nicht das Team, sondern die Einzelperson beurteilt.

Bereits hier scheitert das Team, bevor es sich überhaupt formiert hat.

Nur dann, wenn unangenehme Führungsentscheidungen zu treffen waren, stand die Erwartung im Raum: »Ihr seid doch ein Team, löst das Problem gemeinsam.« Doch dafür war man weder ausgebildet, noch hatte man sich darin üben können. Es stellte sich bei den Teammitgliedern das Gefühl ein, dass man die Nachteile einer arbeitsteiligen Zusammenarbeit mit der Ineffizienz von Teams vereint hatte.

Die Suche nach dem Grund: Kognitiv ist alles klar!

In einer Bank erlebten wir kürzlich ebenfalls, wie schwierig es ist, den Teamgedanken im Organisationsalltag zur Realität werden zu lassen. Eine Abteilungschefin hatte die Idee, dass die sechs ihr direkt unterstellten Leitungskräfte zu einem schlagkräftigen Kernteam werden sollten. Nach Einschätzung aller war dieser Schritt bislang noch nicht gelungen. Gleichwohl unterstützte man die Absicht der Abteilungsleiterin: Die Potenziale der Directs sollen im Zusammenspiel der individuellen Persönlichkeiten und Kompetenzen besser genutzt, strategische Entscheidungen gemeinsam getragen werden.
Nun ist es eine Binsenweisheit, dass ein gemeinsames Nachdenken über Themen unter Nutzung verschiedener Perspektiven einem isolierten Nebeneinanderarbeiten vorzuziehen ist. Demzufolge lieferte der Blick auf die Muster in Form von Einzelinterviews mit allen Leitungskräften Argumente, weshalb der Aufbau und die Pflege eines Teams gerechtfertigt sind. So erwartete man sich beispielsweise weniger Reibungsverluste, wenn nicht weiterhin parallel an denselben oder ähnlichen Themen gearbeitet wird – teilweise in Unkenntnis dessen, was andere Einheiten tun. Oder man erhoffte sich ganz pragmatisch Effizienzvorteile durch die sinnvolle Bündelung administrativer Aufgaben, die jedes zukünftige Teammitglied zu erledigen hat. In einigen Gesprächen wurde sogar die Überlegung angestellt, dass die in der Mitarbeiterbefragung von allen

beklagte hohe Belastung, die offenbar bereits die gesundheitliche Stabilität der Mitarbeitenden gefährdete, auch auf eine mangelnde Zusammenarbeit zurückzuführen ist. Allerdings gewannen wir als Beobachter den Eindruck, dass diesen kognitiven Einsichten gewisse Hürden entgegenstehen müssen – wohl auch emotionaler Natur.

In den vorliegenden Fällen hatte es noch keine vertiefte Auseinandersetzung mit der Frage gegeben, welchen wirklichen Vorteil Unternehmen, Kunde und Mitarbeitende von einem Team haben, wenn alle das »Big Picture« im Blick haben und sich dafür verantwortlich fühlen.

Welche Themen sollten zwingend gemeinsam bearbeitet werden – und weshalb und mit welchem Nutzen?

In welchen Fällen sollte man ehrlicherweise nicht in den Teammodus wechseln, sondern ganz bewusst als Einzelkämpferin arbeiten oder als Gremium entscheiden?

Kann ein Team, das quer zur hierarchischen Aufbaustruktur liegt, überhaupt als Team funktionieren? Und wenn ja, in welcher Priorität zu den Einzelverantwortlichkeiten?

Wie wird damit umgegangen, dass durch die Zusammenarbeit im Team vielleicht kurz- bis mittelfristig die Effizienz zurückgeht?

Es steht sehr häufig die Forderung nach einem Team im Raum, ohne sich die entscheidenden Fragen gestellt zu haben. **Wenn diese Klärung ausbleibt, besteht die Gefahr, dass ein Team ein lebloses Artefakt bleibt, das vermutlich in Kürze von einem neuen abgelöst werden wird.** Und es kommt noch eine Sache hinzu: Die Führungsebenen sind häufig nicht bereit, sich die Frage nach dem »Warum« zu stellen – man will es stattdessen »geliefert« bekommen.

Eine intensive Beschäftigung mit dem »Warum« scheint aber auch aus einem anderen Grund angeraten zu sein. Häufig, wie auch in den beschriebenen Fällen, scheint es **»versteckte Gewinne«** zu geben, die sich aus einer Vereinzelung ergeben. Es könnte sein, dass ein funktionierendes Team zu emotionalen Verlusten bei einzelnen Mitgliedern führt: das Gefühl, schlicht langsamer oder »nach oben hin« weniger sichtbar zu sein, keine prestigeträchtigen

Einzelerfolge verbuchen zu können oder das eigene Handeln allzu sehr transparent machen zu müssen. Dialoge über diese und ähnliche Befürchtungen sollten viel häufiger geführt werden.

Stellen Sie sich bei der Beobachtung schlecht funktionierender Teams folgende Fragen:

Welche versteckten Gewinne sind zu erzielen, wenn ein Team nicht gut funktioniert?

Wer wird sichtbar und erhält mehr Aufmerksamkeit, wenn das Team schlecht performt?

Wessen Arbeit wird durch ein gut zusammenarbeitendes Team transparenter? Und wer kann seinen Leistungsbeitrag weniger gut für sich reklamieren, wenn er im Team arbeitet?

Wer wird langsamer oder kann nicht mehr seine gewohnte Qualität »abliefern«, wenn sie oder er im Team arbeitet?

Wer kann die Schuld nicht mehr auf das Team schieben, wenn es gut funktioniert?

In struktureller Hinsicht sollte ein Team einen klaren Rahmen erhalten und wissen, für welche Art von Problemen es zukünftig gemeinsam zuständig ist. So könnte man zum Beispiel bei einem Führungsteam festlegen, dass zunächst nur für Herausforderungen mit strategischer Relevanz, also für komplexe Fragen, die von Ungewissheit gekennzeichnet sind, das Team zum Einsatz kommen soll. Damit bleibt es weiterhin »erlaubt«, wertschöpfungsrelevante Aufgaben, die mit singulärer Verantwortung der Bereichsleitungen bestens erfüllt werden können, ohne Einbindung des Teams zu lösen. **Dadurch wird auch rhetorisch abgerüstet, weil der Ruf nach einem Team eine Kontur erhält und nicht als unerfüllbare, für manche sozialromantisch anmutende und allzu mächtige Forderung im Raum steht.** Es soll gerade nicht das Gefühl entstehen, man müsse künstlich zusammenarbeiten.

Zugleich sollte darüber reflektiert werden, dass es neben den strategischen

Themen auch operative Fragestellungen gibt, die gemeinsam zielführender bearbeitet werden können. Da oft die Haltung vorherrscht, den eigenen Garten am besten allein bewirtschaften zu können, bedarf es hier eines Prozesses des Einübens und des Loslassens. Demzufolge könnte man ausgewählte Probleme definieren, bei denen eine hinreichende Vermutung besteht, dass sie kollektiv in einer höheren Qualität gelöst werden können – auch wenn sie in den originären Verantwortungsbereich eines Teammitglieds fallen.

In der Schweiz: »Gärtlidenken«. Klingt viel netter.

In einem ersten Schritt könnte man daher auf freiwilliger Basis Tandems bilden, die zu einer Zusammenarbeit einladen und sich dabei auch in ihrem Arbeitsmodus transparent zeigen. Diese Versuche sollten dazu führen, eine anfängliche Ineffizienz und den Wert von Verschwendung bewusst in Kauf zu nehmen.

Eine Zwischenreflexion

Fragen, die Sie mit »Ja« beantworten sollten, wenn Sie den Teamgedanken ernst nehmen wollen:

- Hat man es mit Problemen zu tun, deren Lösungen geprägt sind von Ungewissheit? Wenn ja, mit welchen?

- Können die Aufgaben des Teams nur mit kollektiver Anstrengung gelöst werden? Welche Aufgaben sind das?

- Akzeptiert man, dass jedes Team zunächst einmal ineffizienter ist als eine arbeitsteilige Organisation in Gruppen?

- Hat man Führungsstrukturen geschaffen, in denen nicht Einzelne geführt werden, sondern das Team? Beschreiben Sie diese Strukturen in ihrer Wirkung.

- Sind Formate vorhanden, die einen Prozess begünstigen, in dem erst während der Zusammenarbeit die Ungewissheit des Kontexts klar wird? Wie sehen diese Formate aus?

- Ist man bereit, in das Coaching der Teams zu investieren – und auch in diesem Sinne sinnvoll zu »verschwenden«? Auf welche Weise und wie intensiv wird gecoacht?

WAS ZEICHNET STRAPAZIERFÄHIGE TEAMS AUS?

Eine Frage bleibt von entscheidender Bedeutung, selbst wenn man all die Dinge berücksichtigt, die wir bisher beschrieben haben. **Warum performen manche Teams und andere nicht?** Wer schon einmal in einem sogenannten Hochleistungsteam gearbeitet hat, kennt den Unterschied zwischen einem solchen und einem »normalen«, vielleicht sogar einem unterdurchschnittlichen Team.
Amy C. Edmondson, Professorin für Leadership und Management an der Harvard Business School, befasst sich seit Mitte der 1990er-Jahre mit dieser Frage. Als Doktorandin hatte sie in einem Krankenhaus die Folgen der Teamarbeit bezogen auf die Quote medizinischer Fehler untersucht. Sie stellte fest, dass die objektiv messbar besseren Teams eine höhere Fehlerquote hatten, womit Edmondson nicht gerechnet hatte. Nach intensiver Forschung hatte sie ihren Heureka-Moment:

> **» Mir wurde plötzlich klar, dass die besseren Teams nicht mehr Fehler machten, sondern mehr Fehler berichtet wurden.**
>
> Amy Edmondson

Bei der Frage, warum das so war, stieß sie auf ein Konzept, das auf **Edgar Schein** und **Warren Bennis** aus dem Jahr 1965 zurückging und mit »Psychologische Sicherheit« beschrieben wurde. Psychologische Sicherheit bezieht sich nicht auf die Persönlichkeit der Teammitglieder, sondern ist ein Merkmal des Arbeitsplatzes. Hier die aus unserer Sicht beste Definition:

2023 verstorbener MIT-Professor, der als Mitbegründer der Organisationspsychologie und der Organisationsentwicklung gilt.

> **» Psychologische Sicherheit ermöglicht eine gemeinsame Zielerreichung, ohne dass ich ständig auf meinen Selbstschutz fokussiert sein muss.**
>
> Edgar Schein

Bekannt wurde der Begriff durch eine Google-Studie mit dem Projektnamen »Aristotle«. Das Tech-Unternehmen analysierte im Zeitraum von 2012 bis 2016 180 Teams.

Die Forschungsfrage lautete: »Warum sind manche Teams besser als andere?« Die People-Operations-Abteilung von Google hatte in den Jahren zuvor schon alles untersucht, was man bezüglich der Mitarbeitenden zusammentragen kann. Dabei hatte man den Schwerpunkt der Beobachtungen auf die individuellen Fähigkeiten und Leistungen gelegt und nicht auf die Teamfrage. Darum lieferte Aristotle neue Antworten.

Basis für »Aristotle« waren in einem ersten Schritt unterschiedliche Hypothesen:
Bestehen die besten Teams aus Mitarbeitenden mit ähnlichen Interessen? Oder liegt es an der gleichen Entlohnung? Liegt es an den ähnlichen Hobbys der Teammitglieder? Haben sie vergleichbare Bildungshintergründe? Sind es Persönlichkeitsmerkmale wie Kontaktfreude oder Schüchternheit, die die Teams auszeichnen? Sind es die Erfahrungen, das Alter oder das Geschlecht?
Den Forschern war es unmöglich, bei der Untersuchung all dieser Fragen ein Muster zu finden.

> **» Wir hatten viele Daten, aber nichts zeigte, dass eine Mischung aus bestimmten Persönlichkeitstypen, Fähigkeiten und Hintergründen einen Unterschied machte.**
>
> Abeer Dubey

Manager der People-Analytics-Abteilung von Google.

Im Laufe der weiteren Forschung fiel auf, dass in den Teams, die überdurchschnittliche Leistungen zeigten, zwei Faktoren entscheidend waren:

1. **Gleichverteilung der Gesprächswechsel:** Im Durchschnitt hatten alle Teammitglieder denselben Redeanteil.
2. **Hohe soziale Sensibilität:** Die Teammitglieder sind in der Lage, aufgrund von nonverbalen Hinweisen wahrzunehmen, wie sich die anderen im Team fühlen.

Beide Aspekte sind entscheidend für die psychologische Sicherheit im Team. Daraus konnte Edmondson ableiten, dass es für die wirklich guten Teams von zentraler Bedeutung war, dass ein Gefühl der Zuversicht entsteht, dass Teammitglieder durch das Team nicht in Verlegenheit gebracht werden, und dass man nicht bestraft oder zurückgewiesen wird, wenn man sich zu Wort meldet.

Julia Rozovsky, Mitglied des Forscherteams bei Google, erkannte im Verlauf von Aristotle noch weitere wichtige Punkte, die ein gutes – wir würden sagen: ein strapazierfähiges – Team ausmachen, weil eine gute Mischung zwischen Effizienz und Redundanz gegeben ist:

1. **Die Ziele, die das Team verfolgt, sind allen Teammitgliedern klar.**
2. **Man kann sich auf die Kolleginnen und Kollegen im Team verlassen.**
3. **Man erachtet die Arbeit als sinnstiftend.**
4. **Es besteht die Überzeugung, dass die eigene Arbeit Wirkung entfaltet.**
5. **Es ist psychologische Sicherheit vorhanden.**

Und nun kommt der entscheidende und wichtigste Satz:

»Psychologische Sicherheit war mit Abstand die wichtigste der fünf Schlüsseldynamiken, die wir gefunden haben. Sie war die Grundlage der anderen vier.«

Julia Rozovsky

Unsere Hypothese zum Abschluss: So manches Problem, das im Modus einer Alltagsherausforderung angegangen werden kann und daher eigentlich kein Team erfordert, erweist sich erst in der Reflexion als komplex. Die Vernetzung von Problemen wird manchmal erst durch eine zweite oder dritte Perspektive deutlich. Es ist richtig, in bestimmten, vielleicht in den meisten Fällen den Mythos vom Team aufzugeben; vor allem dann, wenn er inhaltsleer bleibt und mit allzu starken Bildern (Familie, verschworene Gemeinschaft usw.) aufgeladen wird.
Aus diesem Grund taucht auch in jedem Teambildungsprozess, den wir kennen, irgendwann folgender Gag auf:
»Wissen Sie, was TEAM eigentlich bedeutet? Toll, ein anderer macht's!«
Doch wenn wir den Sarkasmus beiseiteschieben, steckt in diesem Zitat alles, was ein wirkliches Team ausmacht:

Es gibt jemanden, der es besser kann als ich. In diesem Sinne: Toll, eine andere oder ein anderer hat eine Idee, eine Fertigkeit oder das notwendige Wissen, um mit mir gemeinsam das Problem zu lösen.

Darum würde es zu kurz greifen, den Wunsch nach einem Team strikt aufzugeben, wenn auf den ersten Blick keine Ungewissheit in Sicht ist. Sie schält sich manchmal erst bei genauerem Hinsehen heraus. Nicht nur in lebensgefährlichen Kriegssituationen ...

Radar der Strapazierfähigeit: Ein Selbsttest für Ihr Team

WO STEHT IHR TEAM?

Wie schätzen Sie Ihr Team bezüglich dieser fünf Dimensionen ein? (++) bedeutet, Sie stimmen der Aussage zu, (- -), Sie lehnen die Aussage ab.

Experimentierideen für mehr psychologische Sicherheit

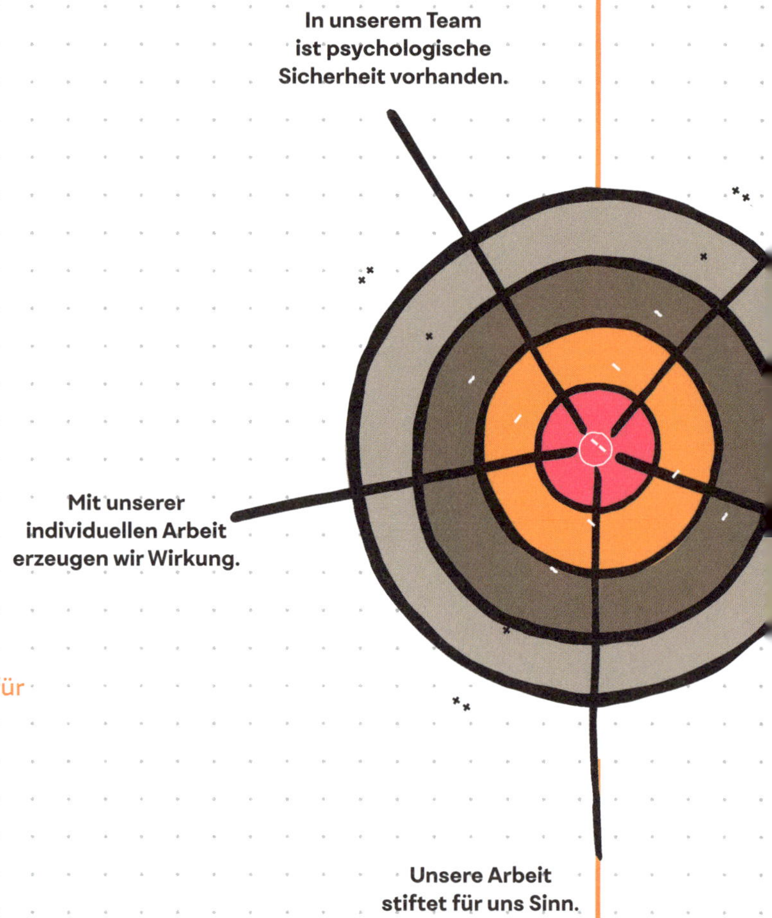

Experimentierideen für weniger Bullshit

Experimentierideen für mehr Zielklarheit

Wir haben klare Ziele, die wir gemeinsam verfolgen.

Experimentierideen für mehr Verlässlichkeit

Wir können uns auf unsere Kolleginnen und Kollegen verlassen.

Experimentierideen für mehr Sinnfindung

EXPERIMENTIERFELD 5

DIE UNENTRINNBARE ORGANISATION

Warum ohne Organisationen nichts mehr geht und gerade deshalb immer mehr Selbstorganisation notwendig wird, warum alles andere als eine Silomentalität überraschend wäre und dennoch etwas gegen sie getan werden sollte, warum Organisationen sich nicht auf Rationalität, sondern auf Entscheidungen gründen, und weshalb Menschen zwar kein Teil der Organisation sind, der reine Systemblick aber trotzdem zu kurz greift.

Was haben Sie heute schon alles organisiert, ohne eine Organisation – zumindest unterstützend – zu nutzen?

Wenn man diese Frage nach der **gestalterischen Dimension** des Begriffs »Organisation« beantwortet, kommt man vermutlich zu dem Ergebnis, dass man sich mit seinem Ehepartner oder seiner Partnerin abgesprochen hat, wer die Kinder zur Schule bringt und wer das Brot und den Salat fürs Abendessen einkauft. Vielleicht hat man einen Kinobesuch für das Wochenende geplant und sich einen Babysitter organisiert. Manche müssen aber auch ihren Weg zur Arbeit, andere nur den nächsten Friseurtermin organisieren …

» Wo immer Menschen eine gemeinsame Geschichte durchleben, müssen sie ihr Verhalten koordinieren.

Fritz B. Simon

Mediziner und Professor für Führung und Organisation an der Universität Witten/Herdecke, Gründer des Carl-Auer-Verlages.

Menschen waren schon immer und ständig mit dem Organisieren beschäftigt. Doch sobald man etwas tiefer bohrt, stellt man fest, dass die ganze »Organisiererei« nur eine Seite der Medaille beschreibt. Menschen nehmen in der funktional differenzierten Gesellschaft die Komplexitätsreduktion unterschiedlichster Organisation ständig und gerne in Anspruch.

Stellen Sie sich ein Leben ohne Organisationen vor. Wenn Sie sich täglich so organisieren müssten, dass sie überleben oder zumindest sich selbst ohne Hilfe einer Organisation versorgen müssten. Vielleicht wie ein Bauer im Mittelalter, der weitgehend mit nur zwei Organisationen konfrontiert war: dem Feudalsystem, in dem der Fürst ihm Land zur Verfügung stellte und ihn vor Angriffen und Willkür schützte, und mit der Kirche, die dem Bauern und seiner Familie ein Leben nach dem Tod versprach. Natürlich nahmen beide im Gegenzug dafür ihren Obolus. Doch ansonsten musste man sich als mittelalterlicher Bauer selbst organisieren, um zu überleben. Man stand auf, wenn man wach wurde, und ging ins Bett, wenn man müde war. Man organisierte den Tag und die Feldarbeit, orientierte sich an den Jahreszeiten, ohne von anderen Organisationen unterstützt zu werden. Heute ist das anders. Individuen und Gemeinschaften sind abhängig von der **institutionellen und funktionalen Dimension** der Organisation.

Für Organisation zahlte man schon immer einen Preis.

Wo kamen Sie heute bereits mit Organisationen in Berührung?

Eine Antwort auf diese Frage könnte lauten: Man begegnet Unternehmen, Schulen und Behörden, in denen die Erreichung eines gewissen Zwecks organisiert wurde (siehe Experimentierfeld 2). Sie sind zum Beispiel heute Morgen vom Handy geweckt worden, das über Nacht nur aufgeladen werden konnte, weil eine Organisation Strom geliefert hat. Dieser Strom kam wiederum über Netze in Ihr Schlafzimmer, die von einer anderen Organisation zur Verfügung gestellt wurden. Energielieferant und

Netzbetreiber waren ihrerseits abhängig von Organisationen, die Gas von irgendwo in ein Kraftwerk einer weiteren Organisation transportiert haben, das dann Turbinen antreiben konnte, die anderswo in einer Organisation gebaut worden sind. Beim Zähneputzen, auf der Toilette, beim Radiohören, beim Frühstück, auf dem Weg in die Arbeit, während der Arbeit, beim Mittagessen, beim Einkaufen, bei der Freizeitgestaltung. Überall trifft man auf Hunderte von Organisationen – jeden Tag. Und auch wenn man unterschiedlichste Arten von Organisationen unterscheiden kann, so treten sie doch fast immer in »Gruppen« auf.

> **Von der Wiege bis zur Bahre – das Leben des Menschen der westlichen Welt ist zu einem großen Teil von Organisationen und ihren Eigengesetzlichkeiten bestimmt.**
>
> Fritz B. Simon

DEFINITION DES UNDEFINIERBAREN

Der Begriff »Organisation« leitet sich vom griechischen »Organon« ab, was so viel bedeutet wie »Werkzeug«, »Instrument« oder »Organ«. Primär bezog man es auf biologische Prozesse, die erst später auf den Staat als »Körper« übertragen wurden. Vor allem das städtische Leben musste organisiert werden. Gerade wenn Menschen auf engem Raum zusammenleben wollten, gemeinsam Großes erreicht werden sollte, Grabmäler und Kirchen erbaut, Handel im großen Stil betrieben und Kriege geführt wurden, schlug die Stunde von Organisationen. Seit der Antike. Aber erst im 19. Jahrhundert, einhergehend mit der beginnenden Industrialisierung, wurde »Organisation« im heutigen Sinne allgegenwärtig.

So weit, so gut. Ob damit Organisation klarer wird, bleibt fraglich. Vielleicht sind Organisationen gar nicht so einfach definierbar. Zwei Schwergewichte der Organisationsforschung weigerten sich sogar, Organisationen überhaupt zu definieren. James G. March: »Ich würde drauf zeigen und den Leuten sagen: ›Seht, heute rede ich über die Army‹ – zum Beispiel. Ich würde einfach beanspruchen, dass es sich dabei zweifelsfrei um eine Organisation handelt. Ich brauche also keine Definition ...« Und Karl E. Weick: »Mein Interesse an der Frage, wie sich soziales Handeln organisiert, macht es mir so schwer, mich auf eine konkrete Definition von Organisation festzulegen.«

Noch nie war das Leben so »organisiert« wie heute.

Worauf man sich vielleicht einigen könnte: Vermutlich prägt uns Menschen nichts mehr als die »Erfindung« von Organisationen. Alle Errungenschaften der Industrialisierung, Wissenschaften und alles Leid von Kriegen und Unterdrückung »verdanken« wir Organisationen. Gleichzeitig übernehmen sie auch die alltägliche Versorgung oder bieten uns Arbeit. Hinzu kommt, sie mischen sich in Spiel, Freundschaft und sogar in die Liebe ein. Man trifft sich auf den Servern sozialer Medien, bewegt sich mit dem eigenen Avatar im Metaverse, überlässt es nicht mehr dem Zufall, mit wem man einen Lebensabschnitt verbringen will, sondern vertraut auf Algorithmen, die die passende Person finden.

» Abgesehen von der Umstellung der Gesellschaft vom Schichtungsmodell (Adel, Klerus, Bauern ...) auf das Prinzip der funktionalen Differenzierung (in Teilsysteme wie Politik, Recht, Wirtschaft, Wissenschaft, Erziehung, Religion ...) und abgesehen von Massenmedien, Straßenverkehr und Frauenemanzipation prägt kaum etwas das Gesicht der modernen Gesellschaft mehr als die Arbeit in und für Organisationen.

Dirk Baecker

Soziologe, Professor für Organisations- und Gesellschaftstheorie an der Zeppelin-Universität Friedrichshafen.

Organisationen sind die prägendsten Systeme der Neuzeit. Sie müssen einer Reihe von »Aufgaben« gerecht werden, bieten beispielsweise einen Arbeitsplatz, sind ein Stück Lebenswelt, oft sind sie aber auch Orte der Angst. Sie sollen Handlungen koordinieren, um damit Stabilität und Routine zu erzeugen. Sie sind ein nicht homogener, vielfältiger und von unterschiedlicher Viskosität geprägter Fluss von Materialien, Leuten, Geld, Zeit, Lösungen, Problemen und Entscheidungen. Menschen treten ihre Ressourcen an die Organisation ab und erwarten von dieser im Gegenzug Koordination.
Organisation ist somit mehr als nur Institution und Prozess. Sie ist, wie Dirk Baecker schreibt, **»… die Maschine, die umsetzt …«**. Organisationen vernetzen sich weltweit und zeigen eine Eigendynamik, mit der sie die Funktionssysteme der Gesellschaft durchsetzen.

Eines muss uns klar sein: Ohne Organisation wäre heute vieles nicht möglich, was zu einer Selbstverständlichkeit geworden ist. Sie bringt uns Fortschritt und erleichtert das Leben. Ihre Bedeutung erkennen wir oft erst dann, wenn sie nicht funktioniert.

Allerdings muss einem in dieser durchorganisierten Welt bewusst sein, dass durch Organisation einiges, manchmal auch Entscheidendes verhindert wird. Es gehört zu ihr dazu, vieles nicht in den Blick zu nehmen, es einfach auszublenden. Wenn zum Beispiel ein großer Chemiekonzern sich entscheidet, einen Teil seiner Produktion ins Ausland zu verlagern, werden all die persönlichen Schicksale der Mitarbeiterinnen und Mitarbeiter, die an dieser Entscheidung hängen, ausgeblendet. Das bedeutet nicht notwendigerweise, dass die Verantwortlichen kaltherzige Klischeekapitalisten wären. Schließlich setzt man sich für den Erhalt des Produktionsstandorts ein und abstrahiert notgedrungen

vom Einzelfall. Unabhängig davon: **Dem System Organisation muss die Belegschaft egal sein.** Denn für die Organisation sind die Menschen immer Umwelt. Und die Organisation ist natürlich nicht unabhängig von dieser Umwelt. Sei der Mensch nun Kundin, Dienstleister oder Mitarbeiterin. Doch alle drei verhalten sich zur Organisation entsprechend der Regel oder den Verhaltenserwartungen der Organisation. Man könnte auch von der Rolle sprechen, die man gegenüber der Organisation zu erfüllen hat. Die Kundin kauft dort, wo es vorgesehen ist, und zu den Zeiten, die ermöglicht werden. Der Dienstleister bekommt nur die zuvor verhandelten Mengen abgenommen, die von der Organisation benötigt werden. Der Mitarbeitende muss das einbringen, was zum Beispiel der Wertschöpfung dient.
Wen die Kundin heiratet, wo und was der Mitarbeiter isst und welchen Hobbys er nachgeht, das muss der Organisation, bis auf sehr wenige Ausnahmen, egal sein.

Die Organisation braucht nicht den ganzen Menschen, sondern nur den Teil, den sie braucht.

Meist sind es formalisierte Erwartungen, die in Stellenbeschreibungen und Arbeitsanweisungen festgehalten sind. Oder wie Luhmann schreibt: »Jene Riesenmenge von faktischen biochemischen, neurophysiologischen, immunologischen, bewusstseinsmäßigen Operationen« bleiben in der »Blackbox« als Umwelt der Organisation.
Zudem ist die Unabhängigkeit vom jeweiligen Menschen, also vom Individuum, ein entscheidender Erfolgsfaktor der Organisation. **Im Gegensatz zur Familie (und teilweise auch zum Staat) kann man jederzeit die Mitgliedschaft auflösen und eine neue eingehen. Die Mitarbeiterin heißt eben auch nur MIT-Arbeiterin. Wäre sie in der Organisation, müsste sie ja IN-Arbeiterin heißen.** Eine zugegebenermaßen nicht ganz ernst gemeinte Unterscheidung.

Mitarbeiter sind nie Teil der Organisation. Sie koppeln sich im besten Fall durch eine Mitgliedschaft an die Organisation.

Um diese Art der Kopplung aufrechterhalten zu können, muss die Organisation einige von Annahmen setzen, die bei näherer Betrachtung ausgesprochen realitätsfremd wirken:

Ganz schön naiv! Kennen auch Sie solche und ähnliche Unterstellungen?

Mitglieder verhalten sich entsprechend der zugewiesenen Rolle, die in Arbeitsplatzbeschreibungen und Prozesshandbüchern definiert sind.

Menschen verfügen über uniforme Motive und handeln nach klaren Präferenzen (der Homo oeconomicus lässt grüßen, heute manchmal mehr denn je).

Mitarbeitende lassen sich extrinsisch motivieren – auch gegen ihre intrinsische Motivation.

Kunden lassen sich binden – und wollen das angeblich auch.

Das Management und seine Führungsriege können eine Organisation von oben steuern.

Wissen kann unabhängig vom individuellen Gedächtnis und Körper in einer Organisation gehalten werden.

Und außerdem:

Was könnten Sie alles nicht tun, um Ihre Arbeit in Ihrer Organisation erfolgreich zu bewerkstelligen, wenn Sie sich strikt an Ihre Aufgabenbeschreibung hielten?

Warum ist es ein Vorwurf, wenn man einem Kollegen »Dienst nach Vorschrift« unterstellt?

Die Systemtheorie Luhmanns spricht davon, dass das spezifische Mittel der Organisation, um sich zu organisieren, die Entscheidung sei. Präziser: Immer dann, wenn Entscheidungen auf Folgeentscheidungen treffen, hat man es mit einer Organisation zu tun. Oder wie Dirk Baecker es ausdrückt: »Es gibt für das soziale System ›Organisation‹ einen einzigen Operationstyp. Das ist die Entscheidung. Alles andere spielt die Rolle des Kontexts.« Dadurch geben sie ihrer Umwelt Sicherheit und reduzieren Komplexität. Das mag auf den ersten Blick ungewöhnlich klingen. Wir nehmen vermutlich Organisationen im Alltag als Gebilde wahr, in denen etwas getan wird. Wenn wir eine Organisation sehen, besteht sie in der Regel aus Gebäuden, Hierarchien, Produktionsanlagen, Konflikten, Projekten, Prozesshandbüchern, Organigrammen, Liebschaften, Rivalitäten und einer Homepage. Alles sichtbar.

Entscheidungen sieht man erst auf den zweiten Blick – wenn überhaupt. Im Prozess des Organisierens stehen die Handlung und das Sichtbare im Vordergrund unserer Beobachtung. Oder wie Karl E. Weick schreibt: »Organisieren heißt, fortlaufende unabhängige Handlungen zu vernünftigen Folgen zusammenzuknüpfen, sodass vernünftige Ergebnisse erzielt werden.«

Doch ohne »vernünftige« Entscheidungen wäre das Erzielen eines gewünschten Ergebnisses unmöglich oder zumindest ein sehr unwahrscheinlicher Zufall.

Andersherum ist die Sinnhaftigkeit einer Entscheidung nur am Ergebnis – meist an einer beobachtbaren Handlung oder einem physischen Produkt – zu erkennen. Das heißt, die Entscheidungen und das daraus resultierende Ergebnis als Folge von wiederum mit Entscheidungen hinterlegten Handlungen sind eng miteinander gekoppelt.

Organisationen kommunizieren in Form von Entscheidungen und werden beobachtbar in den Handlungen, die daraus resultieren.

Und auch hier spielt das biologische System des Menschen keine Rolle und bleibt Umwelt.

Diese Entscheidungen sind immer Personen zuzuordnen, in der Regel den Managerinnen und Managern (Absender). Damit diese entscheiden können, müssen Aufgaben zugewiesen werden und Programme aufgestellt sein. Der Weg, über den die Entscheidung kommuniziert wird, muss geregelt sein. Das heißt, ohne eine Person, die eine Aufgabe in einer gewissen Organisationseinheit hat und an die sich die Entscheidung richten kann (Empfänger), gibt es keine für die Organisation relevante Entscheidung. Es müssen sich folglich Abteilungen und Hierarchien bilden, die sich nur mit den für sie relevanten Themen befassen. Prozesse definieren immer wieder aufs Neue, wie Entscheidungen in der realen Welt zu fällen sind. Strukturen definieren, wo etwas umzusetzen ist und wo nicht.

OHNE SELBSTORGANISATION IST ALLES NICHTS WERT

Je mehr fremdorganisiert ist, desto höher wird der Interpretationsbedarf.

Die letzten beiden Jahrhunderte waren ein Siegeszug der Fremdorganisation. Doch eine Zunahme von Fremdorganisation bringt immer auch einen erhöhten Aufwand an Selbstorganisation mit sich. Man muss sich selbst so organisieren, dass man pünktlich mit der Arbeit beginnt, sich rechtzeitig zur Videokonferenz zuschaltet oder den geforderten Prozess einhält.

Jede neue Regel und jeder neue Ablauf bringen einen selbst zu organisierenden Anteil mit sich, der nicht mehr Teil der Organisation ist.
Man stelle sich vor, die Bäuerin aus dem Mittelalter wäre per Zeitmaschine in unsere heutige Zeit katapultiert worden. Welche Kompetenzen der Selbstorganisation müsste sie erlernen, um die Fremdorganisation all der Unternehmen und Institutionen in Anspruch nehmen zu können?

Ohne Selbst- keine Fremdorganisation! Und vermutlich gilt in heutiger Zeit auch die umgekehrte Aussage: Ohne Fremd- keine Selbstorganisation.

Jede Entscheidung erfordert die Selbstorganisation der Entscheiderin oder des Entscheiders, diese Entscheidung so und nicht anders zu fällen. Ebenso wie die Ausführenden der Entscheidung sich selbst so zu organisieren haben, dass die Erwartungen erfüllt werden können.

Was mussten Sie alles selbst organisieren, um heute pünktlich zur angesetzten Videokonferenz online zu sein?

Wie organisieren Sie für sich die neue Homeoffice-Regelung?

Welchen Organisationsaufwand hatten Sie, um die notwendigen Reportings im Vertriebsaußendienst zeitgerecht erledigen zu können?

Welche Absprachen haben Sie im Vorfeld organisiert, um im nächsten Leitungsmeeting abgestimmt zu sein?

Was mussten Sie alles organisieren, um die fehlende Hotelquittung für die Spesenabrechnung doch noch zu bekommen?

Welche Organisationsleistung müssen Sie täglich erbringen, um mit der Flut an E-Mails zurechtzukommen?

Wie müssen Sie das nächste Strategiemeeting organisieren?

Was gilt es alles zu organisieren, um die Unterlagen für Ihre Personalakte zeitgerecht an die Personalabteilung übermitteln zu können?

DIE GEFAHR DER ORGANISATION

Es reichte noch nie, nur den formalisierten Erwartungen der Organisation gerecht zu werden. Doch vor dem Hintergrund steigender Unberechenbarkeit der Umwelt kommen auf die Mitarbeitenden weitaus herausforderndere Aufgaben in der Entscheidungsfindung und Selbstorganisation zu.

Die Anzahl der Überraschungen steigt. Organisationen müssen lernen, damit umzugehen.

Organisationen müssen sich transformieren, verändern oder lernen, mit neuen Dynamiken umzugehen. Doch genau auf diesem Auge haben sie einen **blinden Fleck**. Eine gewisse Art der Entscheidung wird von Organisationen nicht »gemocht«. Es sind

Entscheidungen, die am Kernprinzip der Organisation rütteln. Denn wie weiter oben bereits beschrieben, reduzieren Organisationen Komplexität, indem sie durch ihre Entscheidungsprozesse für Stabilität, Kontinuität, Verbindlichkeit, Reproduzierbarkeit und Nachvollziehbarkeit sorgen. Dafür werden Auf- und Ablaufstrukturen geschaffen. Diese sind kein Provisorium und keine Improvisation, sondern auf Dauer ausgelegt. Change, Agilität und Innovation, die die Organisation betreffen, werden von ihr mehrheitlich dann ausgeschlossen, wenn sie die organisierte Zusammenarbeit infrage stellen.
Organisationen entscheiden sich in aller Regel gegen das Neue. Sie stehen für Effizienz. Redundanz und Vielfalt hingegen sollen vermieden werden. Und jeder neue Ansatz, jede Veränderung und jedes Experiment wird erst einmal als Verschwendung verbucht. Damit geht Strapazierfähigkeit verloren. In den Tiefen der Taylorwanne (Kapitel 2) war das auch nicht weiter schlimm, da Dynamik ausgeblendet werden konnte, indem man auf neue Märkte auswich. Doch die Ausweichmöglichkeiten sind erschöpft und Strategien der Protektion und Abschottung funktionieren auf politischer Ebene auch nicht mehr.

SILO GOES SILO!

Immer wieder ist von einer blockierenden und innovationsfeindlichen »Silomentalität« zu hören. Die Rede ist von fehlender Zusammenarbeit über die Grenzen von Organisationseinheiten hinweg. Man könnte so viel innovativer sein, Kunden so viel bessere Lösungen anbieten, würde man über die Mauern der eigenen Organisationseinheit hinausdenken. Längst hat dieses Muster und das Klagen über dieses Verhalten ikonischen Charakter erlangt. Nach unserer Erfahrung wird nur in wenigen Fällen freiwillig »siloübergreifend« zusammengearbeitet, wenngleich es niemanden gibt, der die Sinnhaftigkeit solcher Kollaborationen in Abrede stellen würde. Es darf nicht überraschen, dass Menschen, die funktional gegliederten Einheiten ihre Arbeitskraft zur Verfügung stellen – von Vorgesetzten bewertet, beurteilt und fachlich gemanagt werden – sich auf ihre Arbeit innerhalb dieser Einheiten konzentrieren. Was sollten Führungskräfte und Mitarbeitende sonst tun, als ihre Silos zu optimieren?

Der eigene Silo liegt im Fokus der effizienten Entscheidungsfindung.

Wenn dennoch bereichs-, abteilungs- oder teamübergreifende Zusammenarbeit zustande kommt, ist zum einen – und das ist sehr selten – eine starke intrinsische Motivation der Beteiligten dafür verantwortlich. Zum anderen tritt sie dann auf, wenn die Notwendigkeit besteht, wenn also im Sinne der Problemlösung schlicht übergreifend zusammengearbeitet werden muss. Unabhängig davon lohnt sich die Auseinandersetzung mit der Frage, wer eigentlich welchen Nutzen daraus zieht, wenn (bewusst) nicht zusammengearbeitet wird.

Wer hat etwas davon, wenn nicht übergreifend zusammengearbeitet wird? Was macht die »Währung« für den Verbleib im eigenen Silo so attraktiv?

- Ist es für die Karriere wichtig, dass auf der Präsentation der Name der Erstellerin steht?

- Ist der Jahresbonus abhängig von der einer Organisationseinheit zurechenbaren Leistung?

- Hat sich ein historisch gewachsenes »Feindbild« ausgeprägt, das man bedienen muss, wenn man vor den eigenen Kollegen und Kolleginnen bestehen will?

- Gelten die anderen als diejenigen, die nur kosten, aber nichts bringen?

- Was zählt – die altruistische Wissensteilung oder das exklusiv gehortete Wissen, mit dem man im Jahresmeeting punkten kann?

Welche guten Gründe haben Sie, die eigene Organisationseinheit zum Fokus Ihrer Entscheidungen und Handlungen zu machen?

Das Interesse sollte sich also darauf richten, die Gründe und Hürden zu reflektieren. **Dabei kann sich ergeben, dass zwischen zwei Bereichen so etwas wie eine »von gepflegtem Desinteresse geprägte Koexistenz« vereinbart wird.** Sollte dies das Ergebnis eines sorgfältigen Reflexionsprozesses sein, sorgt das nicht nur für Ehrlichkeit. Es entsteht für alle Beteiligten auch mehr Klarheit als bei der nebulösen Beschwörung der Siloüberwindung. Das gilt nicht nur für fehlende Kollaboration zwischen Abteilungen oder Teams, sondern auch im Falle von Trennlinien zwischen Professionen oder Berufsgruppen.

Mit Sicherheit ist die Organisationsstruktur nicht die einzige Blockiererin einer übergreifenden Zusammenarbeit. Natürlich kann es sehr viele individuelle emotionale Gründe geben, sich nur auf das eigene Silo zu fokussieren. Und dennoch glauben wir fest, dass Appelle auf bunten Postern mit Slogans wie »One Company« oder »Mehr Zusammenarbeit« zu nichts führen; auch wenn sie noch so repetitiv die Einheit des Ganzen vor dem Hintergrund der gestiegenen Herausforderungen anmahnen.

Stattdessen glauben wir, dass die Struktur der eigentliche Hebel ist. Führung kann sich dafür entscheiden, Strukturen aufzubrechen und die typischen Silomauern einzureißen.

STARKE BEISPIELE

Bill Gore, Gründer von **W.L. Gore & Associates**, hat von Beginn an auf Organigramme verzichtet. Man möchte verhindern, dass Mitarbeitende (die dort Associates heißen) nur innerhalb einer vorgegebenen Organisationslogik miteinander kommunizieren und zusammenarbeiten können. Die Organisationsstruktur soll keine Hürde für übergreifende Zusammenarbeit sein. Darum organisiert man sich in einer sogenannten »Lattice«-Struktur. Diese Struktur stellt keine feste Organisation dar, sondern erlaubt je nach Anlass und Problem eine spontane, immer wieder neue Organisationsbildung. Benötigt eine Mitarbeiterin die Unterstützung von anderen, kann sie sich, ohne auf die formalen Hierarchieverhältnisse achten zu müssen, direkt an die Kollegen wenden. Diese Struktur unterstellt, dass jeder Mitarbeitende ein persönliches Interesse hat, Verantwortung zu übernehmen. Zudem wird den Associates zugebilligt, selbst zu bestimmen, ob sie sich für andere engagieren möchten.

» We work together in a ›lattice‹ communications structure – building connections without the constraints of traditional chains of command.

Bill Gore, Firmengründer

Bei der **allsafe GmbH** hat Detlef Lohmann, Geschäftsführer und Minderheitsbeteiligter, sich entschieden, Abteilungen aufzulösen. Ein Prozess, der vor vielen Jahren begonnen wurde und bis heute nicht abgeschlossen ist. In einem ersten Schritt organisierte man sich entlang der Prozesskette, heute arbeiten autonome Teams ohne klassische Abteilungsstruktur und direkte Fachvorgesetzte zusammen – und zwar immer an der externen Referenz orientiert, also an den Kunden. Nicht alle kamen mit der Struktur zurecht, und auch bei denjenigen, die sich auf den Weg gemacht haben, musste viel Überzeugungsarbeit geleistet werden. Im weiteren Verlauf wurden weitere Strukturmerkmale verändert, weil man sich positive Effekte auf die Kultur erhoffte. So schaffte man sämtliche Regelungen ab, die eine zweite Unterschrift vorsahen – freilich im Rahmen des gesetzlich Zulässigen. Die Hypothese lautete: Wenn es kein Vier- oder Mehraugenprinzip gibt, steigt die Wahrscheinlichkeit, dass Mitarbeitende sich ernst genommen fühlen und die vielfach nebulös diskutierte Vertrauenskultur tatsächlich eine Chance hat.

Mit neuen Strukturen Bekanntes aufbrechen ist alleine deshalb sehr schwierig, weil **Organisationen vor allem Orte der Rationalität** sind – oder ihnen Rationalität unterstellt wird, die sich meist durch Erfolge in der Vergangenheit begründen. Einerseits verspricht die Organisation ein an Zwecken und Zielen ausgerichtetes Vorgehen auf der Basis erfahrungsbasierter vernünftiger Gründe von Wirtschaftlichkeit. Andererseits steckt dahinter die eng gefasste ökonomische Rationalität des Strebens nach größtmöglichem Nutzen bei beschränkten Alternativen.
Soweit Theorie und Vorstellung. In der Praxis ist immer wieder die **begrenzte Rationalität (bounded rationality)** von Entscheidern in Organisationen (und natürlich nicht nur hier) zu beobachten. James G. March befasste sich über ein halbes Jahrhundert mit den bereits in Kapitel 2 erwähnten Rationalitätsmythen.

> **» Wie beim Häuten einer Zwiebel haben wir nach und nach die rationalistischen Unterstellungen vom Prozess der Entscheidungsfindung abgetragen.**
>
> James G. March

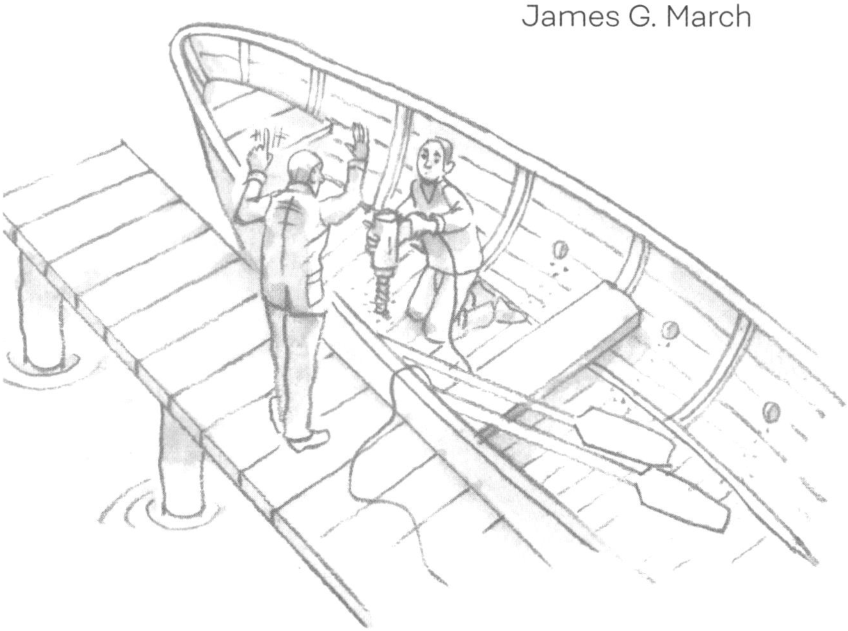

Fünf Aspekte, die zeigen, dass man in Organisationen nicht wirklich rational entscheiden kann (nach James G. March):

BEOBACHTUNG	SCHLUSS
Aufgrund von Ungewissheit sind ...	... die Ergebnisse von Entscheidungen nicht vorherbestimmbar.
Die Unmöglichkeit, über alle Informationen zu verfügen, ...	... verhindert, dass man alles berücksichtigen kann, was Einfluss hat.
Das Fehlen gemeinsamer Ziele ...	... zeigt sich in sehr unterschiedlichen Präferenzen der Beteiligten.
Über die Zeit entstehen Nebenwirkungen, ...	... die der Wirkung zuwiderlaufen und oft nicht antizipiert werden können.
Präferenzen lassen sich nicht exogen vorgeben, ...	... sondern erweisen sich als endogen konstruiert.

Zur Verdeutlichung: Wenn im Strategieprozess der Vorstand eine Entscheidung trifft, etwa die Standortverlagerung der Produktion, tut er das nach seiner spezifischen Rationalität, ohne zu wissen, ob der Prozess der Umsetzung nicht von **Überraschungen und Ungewissheit** gekennzeichnet sein wird. Es ist davon auszugehen, dass trotz des Versuches, möglichst viele **Informationen** über die Konkurrenten, Kunden und den Markt im Vorfeld zu erlangen, es nicht gelingen wird, ein vollständiges Bild für eine rationale Entscheidung zu erlangen. Man muss sich also zusätzlich auf Annahmen und Bauchgefühl verlassen. Und auch wenn die Strategie und deren **Ziele** klar formuliert wurden, ist es äußerst unwahrscheinlich, dass Organisationsmitglieder ihre individuellen Ziele so verfolgen, dass in deren Summe die Umsetzung der Strategie gelingt. Zu guter Letzt bleibt die Frage ungeklärt, welche **Nebenwirkungen** dieser strategischen Entscheidung der Standortverlagerung im Zeitverlauf sichtbar werden. Vielleicht leidet zum Beispiel das Renommee des Unternehmens, weil erst einige Jahre später klar wird, dass sich das Unternehmen auf unrechtmäßig enteignetem Land befindet. Und bei allem Bemühen, die Vorstandsentscheidung rational über die äußeren Umstände und Faktoren zu begründen, muss man sich letztlich eingestehen, dass »Impulse, Intuition, Glaube und Tradition« einen erheblichen Anteil an der Entscheidungsfindung hatten und **endogen begründet** sind.

Jeder Versuch, eine rationale Entscheidung herbeizuführen, muss also immer an einem dieser fünf Aspekte scheitern. Und doch müssen gerade in Organisationen alle diese Punkte ausgeklammert werden, da sie sich andernfalls entscheidungs- und in der Folge handlungsunfähig machen würden.

Jede Organisation muss so tun, als ob es in ihr rational zuginge, auch wenn das Gegenteil der Fall ist.

Vor dem Hintergrund dieses Zwangs zur Rationalität in der Organisation muss sie auch eine rational nachvollziehbare Antwort auf die Frage der Veränderung im eigenen Umfeld liefern. Diese lautet: lernen. **Im Rahmen der eigenen Muster wird versucht, eine Verbesserung zu erlangen.** Die Einspritzpumpe muss genauer arbeiten, der Einstellungsprozess schneller gehen, das Meeting den Informationsaustausch effizienter ermöglichen, das Flottenmanagement der firmeneigenen Fahrzeuge günstiger werden. Es geht um ein ergebnisorientiertes, schnelleres Lernen, als es der Konkurrenz möglich ist, um sich einen Wettbewerbsvorteil zu verschaffen.

Die einfache Variante heißt, die Vergangenheit fortzuschreiben.

Diese Logik ist allerdings nur sinnvoll, wenn man die Zukunft kennt, wenn man die Eintrittswahrscheinlichkeiten zukünftiger Ereignisse vorhersagen kann (siehe Experimentierfeld 3).

Wir sprechen von der »Arbeit in Mustern«.

In diesem Lernverständnis könnte man in einem nicht systemtheoretischen Verständnis auch von der **»Arbeit im System«** sprechen. Entscheidungen werden so getroffen, wie sie schon immer so getroffen wurden. Für dieses Verhalten wählt March den Begriff der **Exploitation**. Eine Weiterentwicklung des Bestehenden, eine Verbesserung des Bekannten, Effizienzsteigerung und Perfektionierung. Doch so können nur die Probleme gelöst werden, die schon mehrfach auftraten und für die es erfolgreiche Lösungswege gibt.

» Das dieser Welt zugrunde liegende Muster, welches besagt, man müsse immer besser und effizienter werden, führt über kurz oder lang zum Veralten und zum Ableben.

James G. March

Anders sieht es aus, wenn man es mit Ungewissheit, Dynamik oder Überraschungen zu tun hat. Ein Lernen nach dem Prinzip: »Mehr desselben« kann hier Impulse liefern, mehr aber auch nicht, weil Probleme auftreten, für die es noch keine Lösungen gibt.

Ein Beispiel: Blackberry war ein sehr erfolgreiches und weit verbreitetes mobiles Endgerät, das 2009 in den USA einen Marktanteil von 50 Prozent hatte. Fünf Jahre später betrug dieser noch ein Prozent. Der Erfolg bei seiner Markteinführung war die Tastatur. Man benötigte keinen Stift mehr, um Mails zu schreiben. Der Unternehmenswert stieg rasant, bis das Apple iPhone auf den Markt kam. Mit dieser Überraschung hatte das Blackberry-Management nicht gerechnet. Seine Überzeugung – auf Basis der Erfahrungen der Vergangenheit – war es, dass die Kunden ein mobiles Gerät für E-Mails und Telefonate wollen, aber keinen Minicomputer, auf dem sich Apps für Unterhaltung, Navigation oder auch dienstliche Belange nach eigenen Bedürfnissen zusammenstellen ließen. In der Folge blieb man den alten Mustern treu, allerdings mit fatalen Folgen: Der 2008 erreichte Unternehmenswert von 70 Milliarden US-Dollar brach in wenigen Jahren völlig zusammen. Es ist nicht zu sagen, ob der Blackberry überlebt hätte, wenn man nicht in Mustern, sondern an Mustern gearbeitet hätte. Man kann allerdings davon ausgehen, dass ein Experimentieren an den Mustern die Überlebenswahrscheinlichkeit erhöht hätte. James G. March spricht in diesem Fall von **Exploration**.

Der »heiße Scheiß« der späten Nullerjahre. Hatten Sie auch einen?

Wir sprechen von der »Arbeit an Mustern«.

Man könnte auch davon sprechen, dass in der Organisation »Arbeit am System« stattfindet – und zwar durch die Erforschung alternativer Wege, durch Experimentieren und Ausprobieren.

> **» Unter ›Exploration‹ verstehe ich das Experimentieren mit dem, was man noch nicht weiß, aber einmal wissen wird.**
>
> James G. March

Das Schwierige ist das Ausbalancieren der beiden Seiten. Aber nur so wird die Organisation strapazierfähig.

Eine Frage der Balance

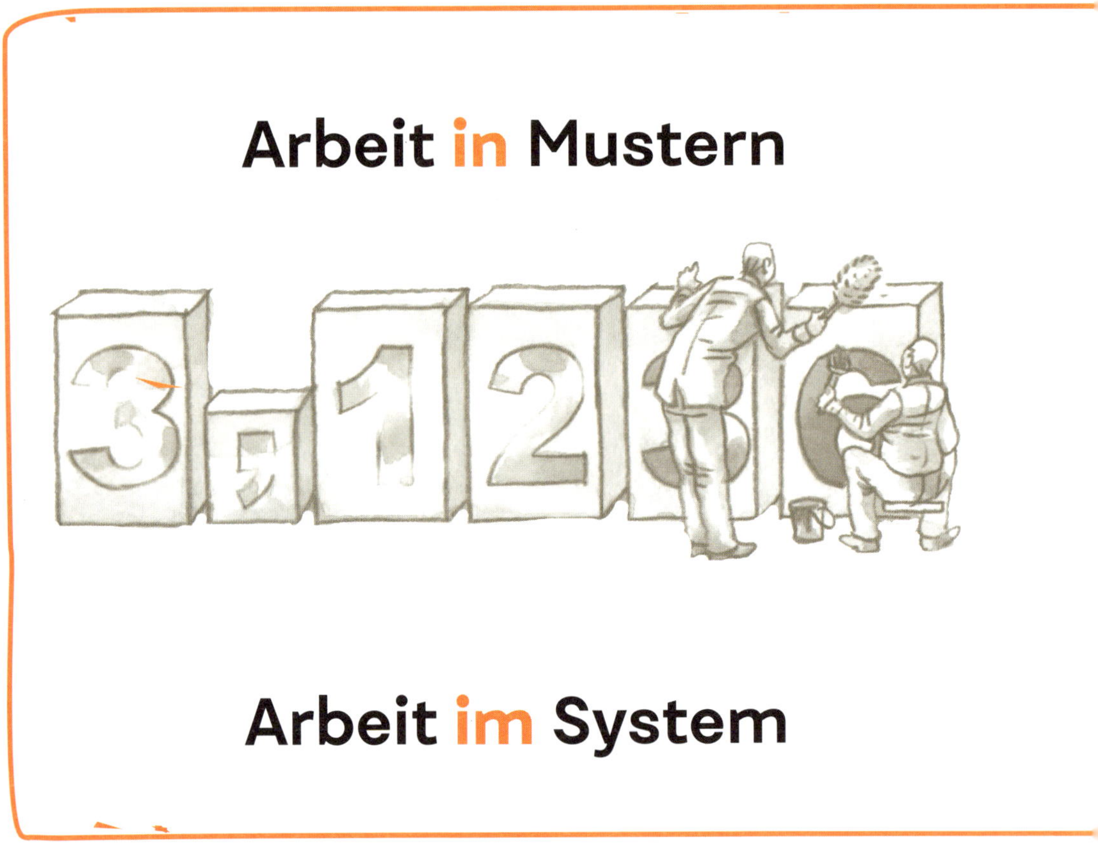

DAS »HENNE-EI-PROBLEM« DER ORGANISATION

In den letzten Jahren haben sich zwei Lager herausgebildet. Wenn die Frage im Raum steht, wie Organisationen transformiert oder entwickelt werden können, werden zwei Startpunkte der Veränderung gesetzt. Die einen wollen bei den Menschen beginnen, die anderen sehen den entscheidenden Hebel bei den Strukturen.

Soll an den Mustern der Organisation oder an den Mustern der Mitarbeitenden gearbeitet werden?

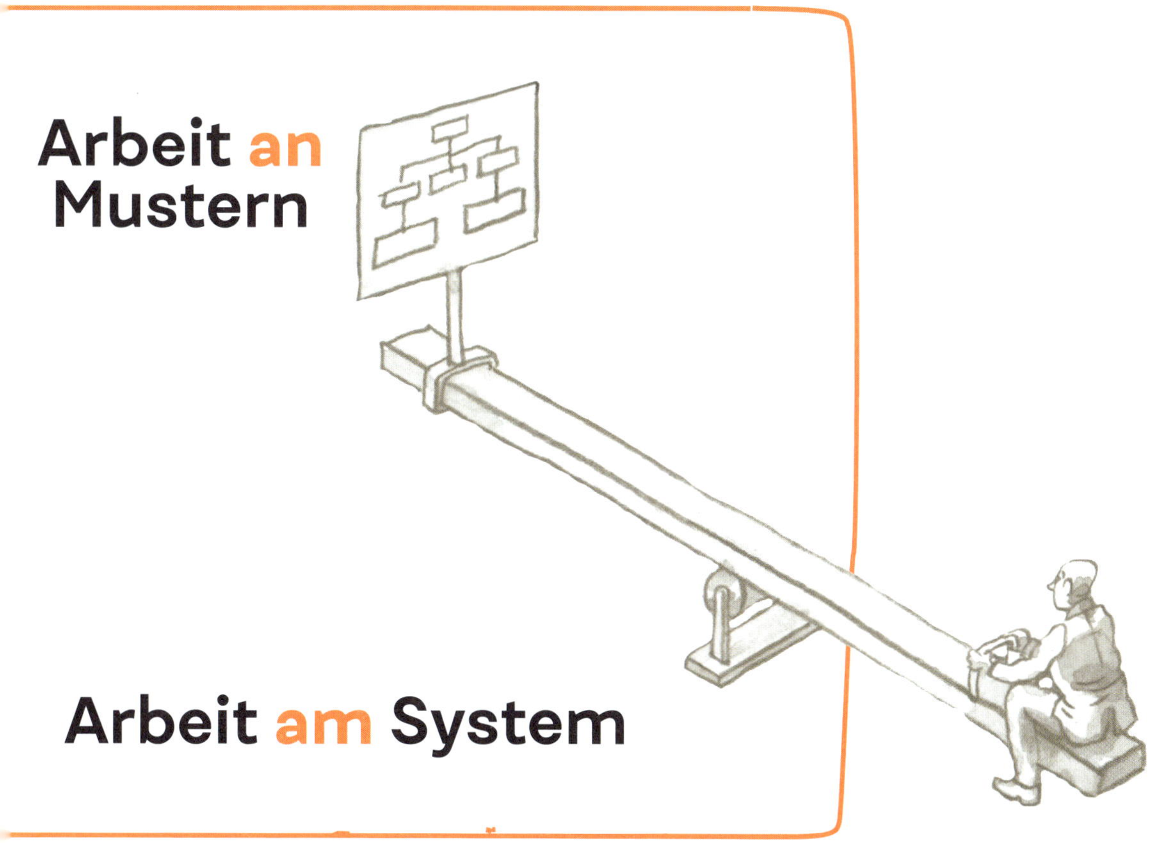

Die einen sprechen von individuellen Glaubenssätzen, Motivation, Begeisterung und Mindset, die anderen von Systemen, Kommunikationen, Praktiken und Anschlussfähigkeit. Diese Lagerbildung, häufig vereinfacht als **Widerstreit von »Kulturalisten« und »Strukturalisten«** dargestellt, hat eine lange Tradition. Sie spitzt sich aber, zumindest nach unserer Beobachtung, bei der Übersetzung in die Beratungs-, Führungs- und Organisationspraxis aktuell zu.

Wenn Sie Ihren Organisationsalltag reflektieren, wo wird der Hebel angesetzt?

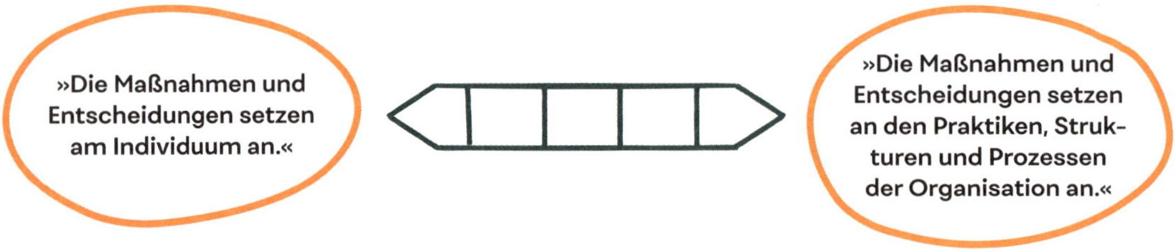

Welche Aussagen hören Sie?

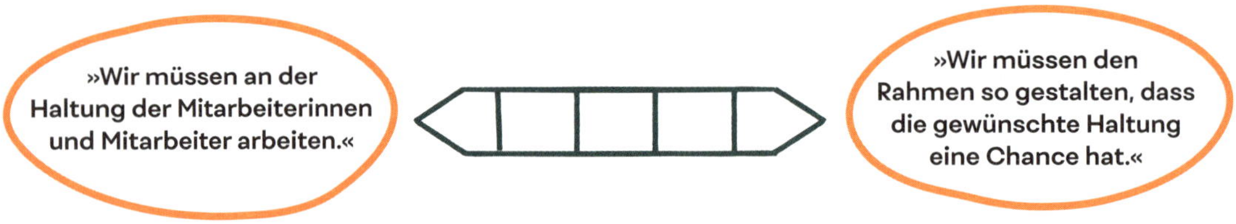

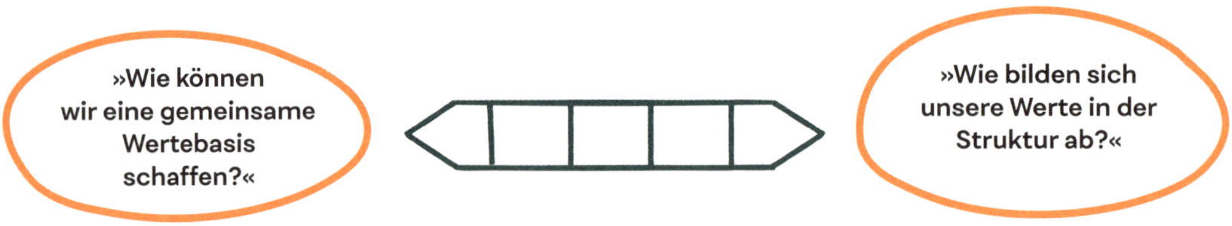

Während die Vertreter der linken Seite der Abbildung versuchen, das Mindset zu verändern, wird dies von den Kritikern auf der rechten Seite nicht selten belächelt, verbunden mit dem Hinweis, doch bitte nicht an den Menschen »herumzudoktern«. Vielmehr sollten entsprechende Rahmenbedingungen geschaffen werden, dass Mitarbeitende in dieser oder jener Weise handeln können. Umgekehrt verwahren sich die Kulturalisten gegen die aus ihrer Sicht unzutreffende Annahme, Strukturen würden menschliches Verhalten mehr oder weniger unmittelbar determinieren. Es sei der einzelne Mensch darin zu unterstützen, bei sich zu beginnen und davon ausgehend zur Veränderung der Organisation beizutragen.

»Wie übergriffig!«

»Das Maschinenmodell lebt!«

Die Extrempositionen werden in dieser holzschnittartigen Gegenüberstellung in der Praxis zwar selten vertreten, laufen jedoch häufig und zumindest im Subtext von Veränderungsinitiativen mit. Beide Seiten gestehen der anderen ihre Existenzberechtigung zu. Und es kommt zu rhetorischen Zwischenpositionen, die wie folgt klingen können: »Wir müssen intelligente Strukturen und Praktiken etablieren, mit denen die Wahrscheinlichkeit erhöht wird, dass unsere Mitarbeitenden im Sinne der Wertschöpfung gegenüber dem Kunden eine serviceorientierte Haltung an den Tag legen.« Eine derartige Beschreibung befriedet die Diskussion zwischen beiden Anschauungen, räumt aber die Gegensätze nicht aus dem Weg. Die eine Seite wird dennoch sagen, es komme am Ende auf den Menschen an, die andere wird letztlich die Strukturen als maßgebend ansehen.

GOOD OLD GIDDENS – DER DRITTE WEG

Es gibt eine Reihe von theoretischen Versuchen, diese beiden – hier fast fahrlässig verkürzt dargestellten – Richtungen zu versöhnen. Einen guten Denkrahmen aus der Soziologie bildet die Strukturationstheorie von **Anthony Giddens**. Nach diesem Ansatz ist mit Struktur die Menge an Regeln und Ressourcen gemeint, die das Handeln von Menschen bestimmen. Zugleich wird durch die Anwendung dieser Regeln und Ressourcen im

konkreten Handeln die Struktur immer wieder reproduziert, wobei stets die Möglichkeit besteht, durch entsprechendes Handeln Struktur »umzuschreiben« und damit zu verändern.
Die Trennung (Dualismus) zwischen Handlung und Struktur wird zugunsten eines Sowohl-als-auch (Dualität) aufgelöst: Es geht um ein Wechselspiel von handlungsprägenden Strukturen und strukturverändernden Handlungen. Strukturen sind für Giddens in Abgrenzung zu strukturalistischen und funktionalistischen Positionen eben keine Zwänge, die mit den äußeren Kräften der Natur gleichzusetzen wären. Vielmehr sind sie gleichermaßen Medium und Ergebnis des Handelns. Die Annahme dieses rekursiven Verhältnisses von Handlung und Struktur macht deutlich, dass an die Stelle des traditionellen Dualismus' zwischen beiden Kategorien eine Dualität rücken soll.

Dualismus:
Die Trennung zwischen Handlung und Struktur

Dualität:
Das Wechselspiel zwischen handlungsprägenden Strukturen und strukturverändernden Handlungen.

Der Soziologe **Hartmut Rosa** hat sich ebenfalls mit der Frage »Handlung versus Struktur« auseinandergesetzt. Er führt eine Unterscheidung ein, mit der die etwas abstrakte Idee der Dualität für Organisationen greifbarer werden. **Er plädiert, soziale Wirklichkeit stets von innen und von außen zu beschreiben.** Auf der einen Seite geht es um das Verstehen dessen, was einem Subjekt wichtig ist und was es antreibt. Auf der anderen Seite, sozusagen aus einer übergeordneten Position, geht es darum zu beschreiben, welche Interaktion in und zwischen Strukturen besteht – und wie davon abgeleitet menschliches Handeln erklärbar wird.

Beides gilt es zu verstehen, wenn man Organisation gestalten und transformieren will.

Wir haben den Eindruck, dass angesichts des Hypes, der um die **Luhmannsche Systemtheorie** gemacht wird, einige wichtige Punkte in dieser »Nachfolge Luhmanns« vergessen oder zu wenig berücksichtigt werden:

1. Luhmann wollte nie eine normative Theorie aufstellen, zu der die Systemtheorie mittlerweile gemacht wurde, sondern er wollte die Gesellschaft nur analytisch-deskriptiv ins Visier nehmen.

2. Es wird verkannt, dass jedes System dem Nicht-System in seiner Gesamtheit verschlossen bleibt.

3. Es gibt ja noch die Beobachter, jene psychischen und sozialen Systeme, die entsprechend ihrem eigenen Unterscheiden und Bezeichnen ihre Umwelt beobachten. Eine Beobachtung zweiter Ordnung (der Beobachter beobachtet den Beobachter) schließt weder die Beobachtung der Strukturen noch die Beobachtung der darin teilnehmenden Individuen aus.

4. Der wahrscheinlich wichtigste Punkt: Luhmann hat seine universelle (nicht ausschließliche) Gesellschaftstheorie weder über Strukturen noch über Individuen aufgebaut, sondern über das System und dessen Umwelt. Wo also System gesagt wird (etwa Organisation), muss die Umwelt (etwa die Bewusstseine der Mitarbeitenden) gleichwertig mitgedacht werden. Vor dem Hintergrund dieser Punkte kann es weder die Absicht Luhmanns noch Gegenstand der Systemtheorie gewesen sein, zu erklären, wie man mit Strukturen das soziale Handeln von Menschen steuert. Es bleibt aber auf der anderen Seite genauso jedem Bewusstsein die Gedankenwelt der anderen Bewusstseine verschlossen.

Ehrfurcht vor Luhmanns Werk wäre vermutlich besser, als aus ihm immer neue Handlungsvorschläge abzuleiten!

Menschliches Handeln beeinflusst Strukturen, ebenso wie Strukturen Handeln beeinflussen.

Struktur und Handlung verweisen aufeinander, sind aber gleichberechtigt und – ein schönes Wort – **»gleichursprünglich«** zu denken. Das eine war nicht vor dem anderen da. Demzufolge gibt es keine Kausalität, aber dennoch eine Kopplung.

» Muster strukturieren die konkreten Praktiken der Akteure, determinieren sie aber nicht.

Martin Heidenreich

Inhaber des Lehrstuhls für Sozialstrukturanalyse der Bundesrepublik an der Universität Oldenburg.

Wir haben hier versucht, einige – beileibe nicht alle – theoretische Positionen zu vermengen oder zusammenzuführen. Davon geht immer eine gewisse Gefahr aus, das ist uns bewusst. Vor allem, wenn sich Grundannahmen, Ansprüche, Reichweite und »Flughöhe« der Ansätze unterscheiden. **Andreas Reckwitz,** Soziologe an der HU Berlin, schlägt grundsätzlich einen gelassenen Umgang mit Theorien vor und versteht sie als Werkzeug. Wenn man diese Perspektive einnimmt, geht es nicht mehr um ein geschlossenes Begriffssystem, sondern darum, was sich aus und mit dieser Theorie machen lässt. Demzufolge, und das liegt nahe bei unserem wiederkehrenden Plädoyer für Experimente im Organisationskontext, habe Theoriearbeit immer experimentellen Charakter. Man überträgt Begrifflichkeiten in andere Kontexte, probiert deren Tragfähigkeit aus und greift je nach Fragestellung auf andere Werkzeuge zurück.

» Nach meinem Verständnis kann Theorie Praxis nicht anleiten; sie kann nicht einmal besonders gute Rezepte zur Verfügung stellen. Sie kann lediglich Begriffe, Ideen, Unterscheidungen anbieten. Die Praxis muss zusehen, was sie damit anfängt.«

Günther Ortmann

Organisationstheoretiker, emeritierter Professor für ABWL an der Universität der Bundeswehr Hamburg.

Lassen Sie uns aus den Höhen der wissenschaftlichen Diskussion genau das versuchen: den Sprung in die Praxis und den Versuch, die bisherigen Gedanken etwas zu erden und anwendbar zu machen.
So wird sich eine Pflegefachkraft vielleicht für den theoretischen Hinweis auf die Dualität von Struktur und Kultur interessieren, jedoch am Ende kopfschüttelnd zur Arbeit übergehen, weil ihre individuellen Möglichkeiten zur Veränderung des Tarifvertrags im öffentlichen Dienst begrenzt sind. Auch ein Paketzusteller muss auf entsprechende Lohnanpassungen hoffen, die auf politischer oder gewerkschaftlicher Ebene verhandelt werden, weil er durch sein Handeln die Struktur reproduzieren, aber sicherlich nicht verändern kann.

In all diesen Fällen kann man die modernen Parolen der Glücksindustrie (»Verändere dich, dann wird sich alles um dich herum verändern«) mit einem müden Lächeln abtropfen lassen.

Denn die eigentliche Problemlösung erscheint zunächst banal und ist auf der strukturellen Seite zu finden: bessere Bezahlung, bessere Arbeitsbedingungen. Nur dann wird es wahrscheinlicher, dass auch die Polizistin, die unter dem Scheibenwischer ihres Dienstfahrzeugs ein Dankeschild vorfindet, sich nicht nur durch Gesten wertgeschätzt fühlt. So wohltuend die Kreativität der Bevölkerung im Zeigen von Empathie während der ersten beiden Corona-Jahre war, so wenig darf jetzt vergessen werden, auf die ehrenwerte symbolische Anerkennung endlich Strukturen folgen zu lassen, die Wertschätzung auch in materieller Hinsicht zu einem Faktum zu machen.
Anders formuliert: Es bleibt zu hoffen, bei der nächsten Pandemie keine Applaus-Videos mehr als Ersatz für eine fehlende, sondern als ergänzende Geste für eine auch strukturell verankerte

Anerkennung zu sehen. Und auch eine Einmalzahlung für Menschen in Pflegeberufen ist nur ein nettes Signal der Regierung – mehr aber auch nicht.

Struktursymbolik ist eben noch keine Strukturveränderung.

BLICK AUF DEN GESTALTBAREN KONTEXT

Auf einer anderen, niedrigeren Flughöhe, auf der Ebene einzelner Organisationen, lässt sich indes viel mehr machen. Da die Analyse trotz der festgestellten Gleichursprünglichkeit »irgendwo« beginnen muss, starten wir mit einem Blick auf die Gestaltung von Strukturmerkmalen und Praktiken. Lassen Sie uns zu dem weiter oben bereits kurz skizzierten Unternehmen **allsafe** zurückkommen. Die Abschaffung sämtlicher Abteilungen und die Neuorganisation ausschließlich nach Prozessen hatte massiven Einfluss auf die Kultur. Gleichzeitig waren der Ausgangspunkt die Überzeugung und die Werte des geschäftsführenden Gesellschafters. Er hatte folgende Überlegung im Kopf: Wenn es keine Abteilungen mehr gibt, die naturgemäß zu einer Abgrenzung führen, werden sich die Mitarbeitenden verantwortlicher für den gesamten Prozess fühlen. Ein durchaus plausibler Gedanke.

> **Ab-teilen heißt, dass man etwas trennt, was in einem natürlichen Arbeitsprozess, den eine Person alleine machen würde, einfach durchfließen würde.**
>
> **Warum braucht ein mittelständisches Unternehmen Abteilungen?**
>
> Detlef Lohmann

Auf Basis dieser Idee, die in ihm entstanden war und über deren Ursprung man bestimmt eine Geschichte konstruieren kann, bildete er neue Strukturen. Sie sind jedoch nur die halbe Wahrheit, der Veränderungsimpuls kommt immer von mindestens einem Menschen, der an den bestehenden Mustern rüttelt.

Wenn wir Glück haben, sind Sie vielleicht mit unserer bisherigen Argumentation weitgehend einverstanden. Doch während des Nachdenkens tauchen Bilder von Situationen auf, in denen alles ganz anders verlaufen könnte. **Es wurden zwar Strukturen auf den Kopf gestellt, aber in den Köpfen der Menschen hatte sich rein gar nichts verändert.** Auch wir kennen viele Fälle, in denen munter so weitergemacht wurde wie bisher, obwohl einschneidende Strukturveränderungen vorgenommen wurden.

Im Falle von **allsafe** verließ man sich nicht allein auf die Kraft der Strukturentscheidungen. Bereits zum Start des langfristig angelegten Transformationsprozesses begab man sich in die Perspektive der ersten Person und beschäftigte sich mit den individuellen Wünschen, Sichtweisen und Ängsten. Es war eben nicht so, dass plötzlich Abteilungen abgeschafft wurden und man auf bessere Zusammenarbeit hoffte. Vielmehr wurde bei einzelnen Abteilungsleitern gefragt, ob sie sich zunächst einen Austausch von Mitarbeitenden vorstellen konnten. Nachdem man dies ausprobiert hatte, wurden die Erfahrungen mithilfe von Coachings reflektiert, und auch die darauffolgenden Schritte bis hin zur konsequenten Umstellung auf eine Prozessorganisation wurden in Eins-zu-eins-Settings begleitet. In diesem Sinne »dokterte« man durchaus an den einzelnen Menschen herum. Aber eben nicht zum Zwecke der Abschwächung von Ängsten vor Entscheidungen, die schon lange feststanden. Diese Strategie, die oft unter dem Label »Wir müssen die Menschen mitnehmen« läuft, kennt man vor allem bei einschneidender Reorganisation, bei der es nur darum geht, die schlechte Botschaft geschickt zu verpacken. Vielmehr ging die Arbeit an der Struktur einher mit der Arbeit mit den Individuen und Gruppen. Die Motivationen, Begehren und die »soziale Antriebsenergie«

der Menschen prägten den Möglichkeitsraum dafür, was strukturell möglich wurde – und umgekehrt.

Aus unserer Sicht lohnt sich das konsequente Zusammendenken von Handlung und Struktur: in ihrer Gleichursprünglichkeit, mit der Anerkennung der jeweiligen Eigenlogik und der fehlenden Kausalität. Es ist wenig aussichtsreich, sich konsequent auf die eine oder andere Seite zu schlagen. Nicht nur, weil das der komplexen sozialen Realität in Organisationen kaum gerecht werden würde. Sondern, weil sonst Zuschreibungen aggressiver werden.

Wir sollten es vermeiden, dass sich demnächst »esoterische Kulturalisten«, die so naiv sind, sich mit dem Mindset einzelner Menschen zu befassen, und »seelenlose Strukturalisten«, die das Individuum zum gekoppelten psychischen System degradieren, gegenseitig die Welt erklären. Es gilt auch hier jeder Einseitigkeit zu widerstehen, sondern nur mit einem ausbalancierten Sowohl-als-auch möglichst nicht blind zu werden für die eine oder andere Seite.

Fazit

- Organisationen sind Systeme, in denen Entscheidungen mit einem definierten Zweck gefällt werden.
- Diese Entscheidungen werden mit einem Anspruch auf Rationalität von Managerinnen und Managern kommuniziert und gemäß den Strukturen und Prozessen adressiert.
- Durch diese Entscheidungen reduzieren Organisationen Komplexität und versprechen Stabilität, Kontinuität und Verbindlichkeit.
- Diese Entscheidungen werden an den Ergebnissen gemessen.
- Die Mitgliedschaft in einer Organisation ist aufkündbar. Eine Organisation ist keine Familie.
- Eine moderne Gesellschaft wäre ohne Organisation nicht denkbar.

- Der Mensch ist immer Kontext der Organisation.
- Dieser Kontext beeinflusst Organisationen massiv.
- In den Entscheidungen schwingt die Haltung des Entscheiders mit. Diese Haltung ist durch Strukturen irritierbar, aber nicht gestaltbar.

ORGANISATIONEN BRAUCHEN »UNORGANISIERTE« RÄUME

Die kann es natürlich nicht geben. Jeder Raum für sich ist bereits etwas Organisiertes, in das man hinein und meist wieder hinaus kann.

Je länger man darüber nachdenkt, muss man zu dem Schluss kommen, dass die Immunabwehr der Organisationen immer dann anspringt, wenn Entscheidungen gegen ihr Kernprinzip getroffen werden: das Versprechen der Verlässlichkeit und Wiederholbarkeit. Um auf Veränderungen und Herausforderungen im Umfeld reagieren zu können, müssen Organisationen kurzzeitig auf diese Kernprinzipien verzichten.

Ab und zu könnte es helfen, die Idee des Philosophen Hans Vaihinger zu nutzen, die vor allem von Paul Watzlawick, Philosoph, Psychotherapeut und Kommunikationswissenschaftler, immer wieder erfolgreich angewendet wurde: Die sogenannte **»Als-ob-Technik«**. In der Therapie empfahl er seinen Klienten, sich in einer Problemsituation so zu verhalten, als ob etwas der Fall sei, auch wenn es offensichtlich nicht so ist. Bezogen auf die Organisation, der man nicht entgehen kann, könnte man ab und zu so tun, als ob sie nicht vorhanden sei. Vielleicht kommt man in dieser Art des »unorganisierten« Raumes auf neue Ideen, Ansätze und Lösungen.

↳ **Sie sollten ab und zu so tun, als ob Sie ineffizient und verschwenderisch sein oder mit Neuem experimentieren könnten, ohne zu wissen, was entstehen kann.**

Dazu benötigen Organisationen nicht diejenigen Prozesse, Konzepte und Strukturen, auf die bei bekannten Problemen stets Verlass war. Sie brauchen ihre Umwelt und Menschen, die bereit sind, Bestehendes infrage zu stellen, Muster zu brechen, Experimente zu wagen, am System zu arbeiten. Dabei besteht die Gefahr, dass das Ergebnis gänzlich anders aussieht als die bekannten Organisationsmuster und daher irritiert.

Musterbrecher stellen sich dennoch der anspruchsvollen Aufgabe, in einer Welt voller Regularien und faktischer Sachzwänge – dennoch, unbeirrt, trotzig und trotzdem – neue Wege zu gehen. Dabei gäbe es viele gute Gründe dafür, diese Strapazen zu vermeiden. Es wäre ein Leichtes, den Schritt Richtung Neuland einfach sein zu lassen. Schließlich kommt in der Grundlogik von Organisation deren Veränderung nicht vor, zumindest nicht als Zielvorstellung oder wünschenswerter Zustand. Im Gegenteil: Es soll alles so bleiben, wie es ist, um den Wesenskern von Organisation nicht zu gefährden. Der Bauplan von Organisation ist veränderungsfeindlich. Er wirkt wie ein Magnet, der die Energie in Richtung Effizienz zieht – und dabei die für Strapazierfähigkeit notwendige Redundanz vernachlässigt.

Bevor wir abschließend einige Experimentierimpulse geben, müssen wir vorsichtshalber noch eine Frage beantworten, die Sie sich möglicherweise gestellt haben: Warum war in diesem Kapitel nicht mit einem Wort die Rede von: **Lean, Soziokratie, Holokratie, Kreisorganisation und all den anderen neuen Ansätzen für ein modernes Organisationsdesign?**

Dafür gibt es zwei Gründe. Erstens: Wir wollten eine Meta-Ebene einnehmen und grundsätzliche Unterscheidungen zum Thema der Organisation vorschlagen. Unsere Überlegungen liegen daher auf einer anderen (nicht auf einer »richtigeren«, wichtigeren oder relevanteren) Ebene als die konkreten und teilweise hervorragend ausgearbeiteten Organisationsdesigns, die seit einigen Jahren vorgeschlagen, erprobt und in manchen Organisationen auch gelebt werden. Deshalb haben wir, wie auch schon in anderen Kapiteln, auf Theoretiker und Vordenker mit Klassikerstatus zurückgegriffen.

Zweitens: Mit dem Verweis auf die sich verbreitenden neuen Organisationsformen ließe sich einwenden, dass Organisationen vielleicht auf dem Höhepunkt des Industriezeitalters der starren Mehr-desselben-Logik geprägt waren, diese Zeiten aber doch längst vorbei seien. Wir sind hier skeptisch. Auch eine agile Organisation hat sich der Grundprinzipien von Organisation nicht entledigt. Zur Wahrung ihrer Existenzberechtigung im Sinne der dominierenden Effizienzlogik muss sie am Ende das Grundprinzip Organisation erhalten. Und sei es noch so gut getarnt, wenn man an viele neue Geschäftsmodelle denkt, die agil und »new-workig« daherkommen, letztlich aber auf Standardisierung und Skalierung basieren – manchmal in ausgeprägterer Form als jemals zuvor.

Smart gegen die Exploitation-Logik arbeiten, mit dem Mut zur Arbeit an den Mustern der Organisation

- Erstellen Sie für das nächste Board Meeting eine Übersicht der Themen und Initiativen, die fälschlicherweise unter dem »Mehr-desselben-Regime« laufen, obwohl sie nicht nach den klassischen Grundprinzipien der Organisation bearbeitet werden können. Laden Sie sich gegebenenfalls zu diesem Meeting selbst ein und halten Sie eine Quicknote zum Thema der Strapazierfähigkeit.
- Zu welchen Zielen werden Schlüsselkennzahlen verlangt, obwohl eigentlich alle wissen, dass es angesichts der Komplexität des Themas keine Möglichkeit einer klassischen Effizienzmessung gibt? Erstellen Sie auch hier eine Liste, weisen Sie die Verantwortlichen charmant auf die Unterkomplexität der Organisationsversuche hin und erarbeiten Sie stattdessen strapazierfähige Indikatoren.
- Überlegen Sie sich, welche Prozesse, Aufgaben und Themen auf den ersten Blick effizient fremdorganisiert sind, aber nur deshalb funktionieren, weil es Menschen gibt, die weitaus effizienter genau diese Prozesse unterlaufen.
- Machen Sie sich den Energieeinsatz bewusst, der für diese eigentlich überflüssige Form der Selbstorganisation nötig ist. Welche Alternative gäbe es zu dieser Strategie?
- An welcher Stelle ist es gut, dass Menschen ihre Organisation egal ist? Und an welchen Stellen hat dies fatale Wirkungen?

- Kennen Sie in Ihrer Organisation die mit allen Rationalitätssiegeln versehenen Sponsoren, die den Wert einer gesunden Redundanz verstanden haben und die bereit sind, am System zu arbeiten und zu experimentieren? Arbeiten Sie mit diesen Verbündeten an unorganisierten Räumen.
- Mit welchen Kolleginnen und Kollegen können Sie – möglichst unbeeindruckt von Hierarchie und Aufgabe – Organisation infrage stellen? Gehen Sie eine Komplizenschaft ein.

Persönlicher Boldness-Check

Würden Sie die Reaktion des CEO aushalten, wenn Sie ihm im Aufzug sagen würden, dass es völlig naiv sei, Agilität gemäß Exploitation-Logik managen zu wollen?

Wie groß muss der in Aussicht stehende Pokal sein, damit Sie mutig die Immunabwehr Ihrer Organisation herausfordern würden?

EXPERIMENTIERFELD 6

ANDERS VERNÜNFTIGE FÜHRUNG

Weshalb Sie sich vor unterkomplexen Führungstheorien hüten sollten, warum leere Mengen für Führungskräfte beunruhigend sind, wieso Ihnen Vorbilder und Sinngeber suspekt sein sollten, warum schwache Bindungen bärenstark sind – und was es mit der Klugheit im Augenblick auf sich hat.

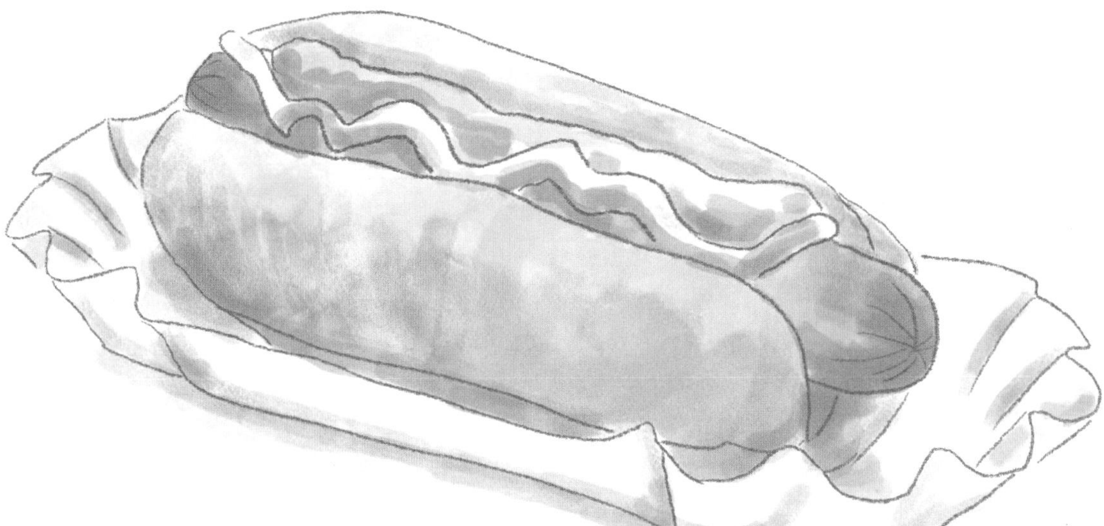

» Die Bestimmer, das sind die, die bestimmen. Wie immer. Und wir, wir sind die, die gehen sollen. Auch wie immer.

Lisen Adbåge

Autorin und Illustratorin des Buchs »Die Bestimmer«, für Kinder ab vier Jahren.

Lassen Sie uns zunächst etwas ausführlicher mit Führungstheorien und -modellen befassen, die in den letzten hundert Jahren entwickelt wurden.

Das war ein Scherz.

Zu Führung, so scheint es, ist wirklich schon alles gesagt worden. Es ist das Genre in der Managementliteratur mit der höchsten Dichte an Vergleichen, Metaphern und Analogien, oft mit äußerst fragwürdiger Passgenauigkeit. Ständig sollen Führungskräfte etwas von anderen Professionen jenseits der Wirtschaftswelt lernen. Etwa von der Schifffahrt, mit Kapitänen, die ihre Tanker mit dem Blick von oben mit ruhiger Hand steuern. Zwischenzeitlich haben Segel-, Schnell- und Beiboote die Szenerie bereichert, vor allem dann, wenn es um die Abgrenzung der neuen agilen Leader von den drögen Patriarchen des vergangenen Industriezeitalters geht. Und selbstredend wollen Geschäftsführungen ihre Unternehmen zu einer »Flotte von Schnellbooten« transformieren. Als Anschauungsbeispiele für das, was Führung leisten muss, erfreuen sich außerdem die Berufsgruppen der Dirigenten und Fußballschiedsrichter konstanter Beliebtheit. Im einen Fall geht es darum, aus einer Vielfalt begabter Solisten (Mitarbeitende mit Potenzialen) ein bezauberndes Ganzes (Profitabilität) zum Klingen zu bringen, im anderen Fall geht es um die eher rustikale Tugend des glasklaren, schnellen und sicheren Entscheidens. Die Empfehlungen, die sich aus diesen Bezügen ableiten, laufen immer in dieselbe Richtung: Schaut euch von Kapitänen, Dirigenten, Schiedsrichtern oder auch Feldherren (Klassiker: Clausewitz), Trainern (aktuell gerne: Jürgen Klopp, Frank Schmidt), Jazzmusikern, Notfallmedizinerinnen oder Extremsportlern (favorisiert: Bergsteiger in Seilschaften) etwas ab!

Mit Vertretern beider »Spezies« führten wir einige inspirierende Interviews!

Nur ein Werbespot: nachzulesen in einem tollen Buch von Murmann Publishers.

Es gibt wenige andere Themen in der Organisations- und Managementszene, die so beeindruckend überkompliziert und zugleich dramatisch unterkomplex verhandelt werden wie Führung – oft innerhalb ein- und desselben Ansatzes.

Es ist nicht uninteressant, das Wirken all dieser Berufsgruppen sorgfältig auf Führungsaspekte hin zu analysieren und für geeignete Transfermöglichkeiten zu öffnen. Auch wir haben in unserer über 20-jährigen Forschung immer wieder einen Blick in die verschiedensten gesellschaftlichen Bereiche gewagt, um diese Impulse zu erhalten. Dabei dürfen wir eines nicht vergessen: Es sind nur Metaphern, die vorhandenes Wissen in eine neue Bilderwelt überführen wollen. Und es müssen Metaphern bleiben, weil die Systeme, von denen man lernen will, keine (reinen) Wirtschaftssysteme sind. Zweifellos lassen sich neue Perspektiven gewinnen, **aber am Ende fragt sich die Managerin trotzdem, wem sie einen Strafstoß zubilligen soll, wenn sie gar nicht die Unparteiische ist,** und wann der Taktstock zu heben ist, wenn ihre Mitarbeitenden gar nicht alle vor ihr sitzen und zu ihr aufschauen, sondern weltweit remote arbeiten. Wahrscheinlich ist es einfach nur das inflationäre Auftreten der Lernen-von-irgendwem-Ansätze, die ein gewisses Unbehagen und ein Gefühl von Genervt-Sein erzeugen. Aber vielleicht sind wir nur überempfindlich?

Diese Gefühlslage rufen auch die immer noch gelehrten klassischen Führungsmodelle und Ansätze zu Führungsstil-Typologien hervor, die auf eine bemerkenswerte Art vereinfachen und zugleich mit einer pseudopräzisen Anmutung im Vierfelder-Design beeindrucken.

Das geht exemplarisch wie folgt: Wenn Sie es als Führungskraft mit einer motivierten Person zu tun haben, können Sie die fachlichen Zügel lockerlassen (geringe Aufgabenorientierung) und müssen sich stattdessen um den Menschen kümmern (hohe Mitarbeiterorientierung). Auch wenn es ausgereiftere Ansätze gibt, bleibt immer ein großes Manko: Die Dynamik in sozialen Beziehungen wird ausgeblendet oder so dargestellt, als sei sie objektiv zu erfassen und relativ zielgenau zu gestalten. Zudem steht meist die Person des Führenden im Vordergrund, der sich eben im Sinne des Führungserfolgs so oder anders zu verhalten habe.

Apropos Führungserfolg! Ein kleiner Exkurs: Man sollte immer im Blick behalten, wozu Führung eigentlich dient.

Führungskräfte sind insbesondere nicht: Selbstzweck, Sinngebungsinstanzen, Therapeutinnen, ziemlich beste Freunde, Familienersatz, Bespaßungsbeauftragte, Kumpel, Rückenfreihalter, Kümmerer, Schlechte-Nachrichten-Abschwächerinnen, Prellböcke, Vorbilder.

Ergänzungsmöglichkeiten

Übrigens: Führungskräfte können manchmal genau das alles sein, aber es gehört nicht zu ihrer Existenzberechtigung!

Falls Sie zunächst mitgelächelt haben, aber beim letzten Begriff gestolpert sind: **Ja, wir finden, dass Führungskräfte als Vorbild scheitern müssen.** Lassen wir das zunächst so stehen, wir kommen später darauf zurück.

Führung hat einen sehr nüchternen Zweck. Sie muss durch ihre Entscheidungen dazu beitragen, dass der Zweck der Organisation beziehungsweise des Unternehmens erfüllt wird.

Und der liegt darin, wir erinnern uns an die ebenso nüchterne Einsicht Peter F. Druckers aus dem zweiten Experimentierfeld: »The customer is the foundation of a business and keeps it in existence.«

Entromantisierung der Führung

- Menschen treten mit ihrer Organisation in eine Austauschbeziehung. Sie arbeiten unter anderem oder ausschließlich deshalb, weil sie für das Erbringen ihrer Leistung bezahlt werden.
- Organisationen, jedenfalls die meisten, sind hierarchisch strukturiert – so abgespeckt oder »flach« diese Hierarchien anscheinend oder scheinbar auch sind.
- Kennzeichen von Hierarchien ist das Vorhandensein von Führungskräften. Diese haben im Rahmen ihrer Rolle Entscheidungsbefugnisse.
- Führungskräfte verfügen über eine Autorität, die ihnen von der Organisation verliehen wird. Dieses Mandat versetzt sie in die Lage, Entscheidungen auch dann zu treffen und durchzusetzen, wenn die Geführten anders entscheiden würden.
- In Organisationen spielt Macht eine Rolle. Es ist gefährlich, Machtgefälle zu negieren, zu verdecken, zu beschönigen oder kleinzureden.

Seit mindestens drei Jahrzehnten wird in der Forschung ebenso wie in der Unternehmenspraxis und in entsprechenden Managementtrainings das Ende der klassischen Führungsrolle betont. Seitdem machen Begriffe wie Coach, Potenzialentfalterin, Förderer oder Katalysatorin die Runde, wenn es um die Vermessung der neuen Rolle von Führungskräften geht.

Aus unserer Erfahrung haben diese Etiketten wenig mit der Organisationsrealität zu tun, so wie sie von Mitarbeitenden wahrgenommen wird.

Sehr häufig beziehen sich die Erzählungen nur auf jene Aufgaben, die der Führung traditionell zugeschrieben werden: Genehmigen, Vorgaben machen, unterschreiben, Hierarchie, entscheiden, abzeichnen, Dienstplan erstellen usw. **All das ist klassisches Managen kraft einer übergeordneten Position.** Die Kernaufgabe moderner Führung, nämlich das Gestalten von Beziehungen zwischen Menschen im Sinne einer gemeinsamen Wertschöpfung, spielt, wenn überhaupt, nur eine Rolle bei der Beschreibung von Soll-Zuständen, selten aber bei der Charakterisierung erlebter und gelebter Führung. Das gilt auch für solche Organisationen, die mit New-Work-Ansätzen experimentieren oder mit agilen Settings Erfahrungen sammeln. Immer wieder wird berichtet, dass auch die anders tickenden Biotope von klassischen Führungsverständnissen »kontaminiert« werden. Die Organisationsrealität ist offenkundig beeindruckend unbeeindruckt von den Bemühungen um eine neu gelebte Führungskultur.

Wir schlagen nun erwartungsgemäß keine weitere Überarbeitung des Führungsleitbilds vor, auf das alle Führungskräfte publikumswirksam ihre Unterschrift setzen und damit ihr Commitment signalisieren. Dieses Managementschaupiel sollten Sie sich wirklich sparen.

Stattdessen empfehlen wir tiefer gesetzte Fragezeichen als Ausgangspunkt für einen Prozess, der Führung strapazierfähiger macht. Wir werden dafür zwei Einflugschneisen skizzieren.

FÜHRUNG GESTALTET BEZIEHUNGEN UND VERDIENT OHNE GEFOLGSCHAFT IHREN NAMEN NICHT

Im Mai 2004 interviewten wir den damaligen Abtprimas der Benediktiner, Notker Wolf, auf dem Aventin in Rom, weitere Gespräche folgten in den Jahren darauf, bis zu seinem Tod im Februar 2024 standen wir in regelmäßigem Kontakt zu ihm. Abgesehen von der einen oder anderen problematischen Aussage zu den Skandalen in der katholischen Kirche war Notker Wolf eine außergewöhnliche Persönlichkeit mit ausgeprägter Leidenschaft zur (selbstgespielten) Rockmusik, der unser professionelles Interesse für sein Führungsverständnis weckte. Man muss wissen, dass ein Abtprimas keinerlei formale Macht besitzt, die Klöster sind eigenständige »Organisationseinheiten« und werden nicht von einer »Konzernzentrale« gesteuert. Führung hat dann einen besonderen Fokus: Sie muss so »gut« sein, dass sie sich Legitimation erwirbt und die dezentralen Einheiten sich führen lassen wollen. Das wiederum funktioniert nur, wenn die Führungskraft eines kann: Beziehungen gestalten.

Damit wir uns nicht innerhalb von wenigen Seiten widersprechen: Eine Ordensgemeinschaft ist kein Wirtschaftsunternehmen (ebenso wie ein Konzern kein Start-up und ein Schraubenhersteller keine Schulbehörde ist), weshalb das Anschauungsbeispiel nur als Impuls dienen kann. Aber dieser Impuls ist hilfreich, zumal er an eine eher unscheinbare Publikation aus dem Jahr 1993 andockt, die uns forschungsseitig inspiriert hat. Sie ist sozialkonstruktivistisch inspiriert und rückt ebenfalls die Rolle von Führung als Beziehungsgestalterin in den Mittelpunkt. Das, was Notker Wolf in seiner Alltagspraxis umsetzte, wird hier so formuliert:

Wenngleich das eine oder andere Kloster sehr erfolgreich Bier vermarktet.

> **» Viele Führungsprobleme lassen sich nicht befriedigend lösen, wenn die entsprechenden Maßnahmen allein auf die ›Führungskräfte‹ abzielen. Diese heute noch weitgehend übliche Konzentration auf die scheinbaren ›Akteure‹ der Führung wird dem Umstand nicht gerecht, dass Führung immer auch Beziehungsgeschehen ist und dass auch asymmetrische Beziehungen nicht von einer Seite allein gestaltet werden (können).**
>
> Stephan Burla et al.

»Die Erfindung von Führung«, 1993.

Es wird deutlich, dass nicht eine oder einer darüber bestimmen kann, wann eine Führungsbeziehung gelingt – auch und insbesondere nicht die Führungskraft. Vielmehr geht es um das Beziehungsgeschehen, dessen Gelingen oder Scheitern darüber urteilt.

Das Gestalten von Beziehungen ist für sich genommen nicht effizient.

Zumindest dann nicht, wenn man über berechnendes Networkingdenken hinausgeht. Wer als Führungskraft in die Beziehungsgestaltung investiert, kann nie sicher sein, ob eine tragfähige Beziehung entsteht. Es ist ein Experiment mit ungewissem Ausgang, das verschwenderische und redundante Elemente enthält. Und bewusst wiederholt:

Wir haben nicht die Managerin im Kopf, die sich nach dem Besuch eines Wellbeing-Seminars für Führungskräfte genötigt sieht, ihr Team zum Grillabend nach Hause einzuladen.

Hier wäre die Grenze zur Übergriffigkeit schnell erreicht. Es ist eben eine paradoxe Angelegenheit, weil der Führungserfolg sich einerseits »knallhart« nach der Zweckerreichung bemisst und jegliche Sozialromantik verfehlt wäre.

Erinnern Sie sich an die kleinste Matrjoschka?

Führung ist das Gestalten von Beziehungen zwischen Menschen im Sinne der zweckdienlichen Wertschöpfung.

Andererseits sind aber auf dem Weg zur Erreichung dieses Zwecks **außerökonomische Qualitäten mit ihren Ineffizienzen, Verschwendungen und Unberechenbarkeiten** nötig. Sie merken natürlich, dass wir uns ständig in der Denkfigur des Fensters der Strapazierfähigkeit bewegen. Behalten Sie dieses Bild ruhig im Kopf, wenn wir neben den Beziehungsaspekt noch einen weiteren rücken, der unmittelbar damit zu tun hat.

Leadership ist ohne Followership eine leere Menge. Wenn einer Führungskraft niemand folgt, ist sie allerhöchstens Managerin.

HINGUCKER: KLASSIKER DER STRAPAZIERFÄHIGKEIT

Bei W. L. Gore Associates, einem von uns beispielgebend häufig herangezogenen Unternehmen, hat man sich diesen Gedanken zum Prinzip gemacht. Dort hat jeder Associate zwei Führungskräfte, einen sogenannten Leader und einen Sponsor. Der Leader ist vergleichbar mit der klassischen Führungskraft, dem unternehmerisch denkenden und handelnden Part, der für das Erreichen von Geschäftszielen zuständig ist. Diese Führungskraft legitimiert sich über ihre Anhänger, die ihr auf Grund ihrer Erfolgsgeschichte im Unternehmen folgen. Jeder Associate, auch wenn er als Führungskraft vorgesehen sein sollte, trägt zu Beginn keine Personalverantwortung. Zum Leader wird er erst, wenn es ihm gelingt, dass andere ihm auf Grund seiner gezeigten Verantwortungs- und Risikoübernahme, seiner menschlichen und fachlichen Kompetenz folgen. Man muss sich erst zur Führungskraft entwickeln. Bei Gore wird das als »Natural Leadership« bezeichnet. Man legitimiert sich über die andere Seite der Medaille, das »Followership«.

Die Sponsoren bestimmt jede und jeder selbst. Sponsoren sind Reflexionspartner für diejenigen, die sich ihnen anvertrauen wollen (Sponsees): Wie erkenne ich, was ich am besten kann? Wo bin ich selbstbewusst, woran habe ich Spaß? Wo kann ich die Erfüllung finden? Das Konzept geht weit über die bekannten Ansätze (Mentoren, Patinnen usw.) hinaus, weil Sponsoren eine Rolle bei der Festlegung der Gehaltshöhe ihrer Sponsees spielen und mitunter Direktionsrecht besitzen.

Wir sehen an diesem Beispiel, dass das Pendel zwischen Effizienz und Redundanz weit nach rechts ausschlägt. Es ist zum einen teuer, aufwendig und mühsam, ein Konstrukt aufrechtzuerhalten, das mit zwei Führungskräften operiert. So findet etwa

eine Vervielfachung des Kommunikationsaufwands statt. Interessant ist, dass man diesen »Luxus« strukturell verankert hat, damit er zur Normalität wird.
Und beide Führungskräfte, Leader und Sponsor, können nicht darauf bauen, dass sie in einer stabilen und effizient designten Organisation ungestört in ihren »Kästchen« verharren. Sie können sich nicht darauf verlassen, eine einmal erworbene Machtposition zu behalten und im Fünfjahresrhythmus die vertikale Linie im Organigramm nach oben zu wandern.

Wem nicht gefolgt wird, ist keine Führungskraft!

An dieser Stelle wird deutlich, was die Besonderheit von Beziehungsgestaltung in asymmetrischen Konstellationen ausmacht.

Durchdenken!

Folgt man Ihnen aufgrund Ihrer Verantwortungs- und Risikoübernahme – oder muss man sich von Ihnen »managen« lassen, weil Sie eine bestimmte hierarchische Position innehaben?

Wem würden Sie folgen?

Würden Sie einer anderen Person folgen, wenn der Aspekt der schnöden Zweckerreichung keine Rolle spielte?

Wären Sie Führungskraft, wenn das Natural-Leader-Prinzip gelten würde?

Wie viele Führungskräfte bräuchte die Organisation (noch)?

Wäre die Geschäftsleitung in Ihrem Unternehmen mit denselben Personen besetzt?

Wie viele Menschen in Ihrer Organisation würden Sie als Sponsorin oder Sponsor auswählen?

Müssten Sie immer Einzelnen folgen?

Würden Sie eventuell in unterschiedlichen Situationen unterschiedlichen Personen folgen?

Machen!

Designen Sie für Ihren Verantwortungsbereich ein Modell, in dem sich die Ideen »Leadership ist ohne Followership eine leere Menge« und »Führen ist Beziehungsgestaltung« wiederfinden. Wie sähe dieses Konzept konkret aus?

Welche Rolle würden Sie einnehmen?

Welche strukturellen Hürden könnten Sie selbst aus dem Weg räumen – und an welchen Stellen bräuchten Sie »Lizenzen von oben«?

Formulieren Sie eine klassische Wenn-dann-Hypothese zu Ihrem Experiment.

Finden Sie Menschen, die Ihnen bei der Durchführung dieses Experiments folgen wollen.

Ach ja, wir sind Ihnen noch die Antwort zur unpopulären Aussage schuldig, dass Führungskräfte nicht Vorbild sein können. Wir formulieren es etwas differenzierter, damit es nicht unnötig reißerisch wirkt: Es kann nicht zum Anforderungskatalog für Führungskräfte gehören, Vorbild sein zu müssen. Dieser Imperativ würde in dieselbe Paradoxie führen wie der bekannte Satz: »Sei doch mal spontan!«.

Wer oder was ein Vorbild ist, zeigt sich daran, wer diesem Vorbild folgen möchte.

Man könnte von einem »Natural Role Model« sprechen. So wie der Sponsee bei Gore für sich entscheidet, wem er sich anvertraut. Die ganze Angelegenheit ist ein dynamischer Prozess, und wer bei der schlichten Losung bleibt, dass Manager Vorbilder zu sein haben, landet ungewollt wieder bei eindimensionalen Führungstheorien, die ausschließlich die Person des Führenden in den Blick nehmen. Ähnliches gilt übrigens für die Forderung, dass Führungskräfte den Mitarbeitenden Sinn zu geben oder vermitteln hätten.

Übrigens: Beim Team ging es auch um Sinn, nach dem man aber selbst suchen soll, indem man experimentiert.

GSCHEIDHAFERL*-SIDEKICK

Im Zusammenhang mit der modernen Diskussion um Purpose lautet für uns eine weitere Schlussfolgerung: Sinn wird individuell gefunden. Deshalb ist das Wort »Sinngebung« aus unserer Sicht irreführend. Denn Sinn wird im Abgleich mit dem eigenen Erleben konstruiert. Keinesfalls kann jemandem Sinn gegeben und Identifikation hergestellt werden.

Beziehungen müssen nicht immer das große Ding sein. Wenn man im Organisationskontext den Begriff verwendet, ruft er meist die Assoziation hervor, dass es um langsam gewachsene, dauerhafte, tiefgründig-professionelle und um strikt loyalitätsbasierte Beziehungen gehen muss. Doch es gibt auch solche, die deutlich unscheinbarer, aber durchaus mächtig sind. **Gillian Sandstrom,** Psychologin an der University of Sussex, betont die Bedeutung von Interaktionen mit schwacher Intensität. Sie bezieht sich damit auf eine Forschung aus den 1970er-Jahren zur Stärke von schwachen zwischenmenschlichen Bindungen

* Nochmals zur Erinnerung: Steht in Bayern und Österreich für »Klugscheißer«.

(strength of weak ties). Sandstrom hat in ihren aktuellen Untersuchungen herausgefunden, dass es weder auf die Frequenz noch auf die Intensität von Kontakten ankommt.

Ein Gefühl der Verbundenheit stellt sich auch dann ein, wenn es sich um kurze, scheinbar belanglose Episoden handelt.

Sandstrom berichtet von einer Frau, die einen Hot-Dog-Stand auf ihrem Campus betrieb. Mit ihr pflegte sie einen eher oberflächlichen, aber stetigen Austausch, der zu einer festen Größe ihres Wohlbefindens wurde. Interessanterweise haben vor allem solche schwachen Bindungen eine immense Kraft, von denen man sich wenig Wirkung erhofft. Es sind Menschen an der Peripherie, die laut Sandstrom als wichtige »unterstützende Charaktere« fungieren. Das Phänomen der »weak ties« sollte ernst genommen werden, weil diese Art der Interaktionen nicht nur resonanzfördernd, sondern auch eine Quelle für überraschende, neue Informationen und Erkenntnisse sind, nach denen man nicht gesucht hat.

Vielleicht hatten Sie sich schon gefragt, was das Bild zu Beginn dieses Kapitels sollte …

Wenn Führung auf Strapazierfähigkeit »einzahlen« soll, muss sie ein Interesse daran haben, die Kraft der schwachen Bindungen zu nutzen.

Starterkit: Beziehungsaufbau im Kleinen

Wie viel Zeit haben Sie in der vergangenen Woche in Beziehungen (im hier gemeinten Sinne) investiert?

Was könnten Sie (als Führungskraft) tun, um diese »weak ties« zumindest nicht zu verhindern?

Wie sähe das Pendant zum Hot-Dog-Stand in Ihrem Unternehmen aus?

Wie ließen sich innerhalb und außerhalb der Organisation unerwartete Begegnungen provozieren – und zwar wirklich unerwartbare, keine »geskripteten Überraschungen«?

Wer waren in den letzten zwölf Monaten die unterstützenden Charaktere, die Sie nahezu unmerklich durch schwierige Situationen begleitet haben? Für wen hatten Sie diese Rolle inne?

Welcher »zwischenmenschliche Normalfall« sollte in Ihrer Organisation dringend wieder hergestellt werden? Welche verlernte Kulturpraktik muss dringend reaktiviert werden – auch wenn sie fast schon anachronistisch anmuten sollte?

Inwieweit erleben Sie im Organisationskontext Austauschbeziehungen besonderer Qualität, die nicht nur zu menschlich wertvollen Erfahrungen führen, sondern auch die Wertschöpfung positiv beeinflussen?

SUBSTANZIELLE REFLEXION MIT MEHRFACHER VERNUNFT

Wenn Führung gelingen und zur Strapazierfähigkeit beitragen soll, ist eine besondere Qualität von Reflexion gefordert.

Es ist keinesfalls so, dass im Organisationsgeschehen der Begriff »Reflexion« keinen Platz hätte. Ganz im Gegenteil: Seitdem das Coaching den (ohnehin fälschlicherweise zugeschriebenen) Makel der Defizitbeseitigung abgelegt und breite Akzeptanz gefunden hat, ist auch und vor allem in den Etagen des Topmanagements ständig von Reflexion die Rede. Es darf, zumindest aus unserer Erfahrung, vermutet werden, dass eigentlich nur ein »Nachdenken über irgendwas« stattfindet.
Reflexion ist etwas äußerst Anspruchsvolles. Der Begriff kommt aus dem Lateinischen und heißt zurückbeugen, zurückbiegen oder zurückkrümmen. Reflexion bezeichnet im Sinne von »animum reflectere« das prüfende, vergleichende Nachdenken, auch über die eigenen Handlungen und Gedanken (Selbstreflexion). Ein Denken, das sich nicht nur um die Sache, sondern auch um deren Einbettung in Zusammenhänge und um das Verstehen bemüht.

Es geht um die Fähigkeit, das eigene Verhalten im Verhältnis zu anderen Menschen und zur Umwelt kritisch auf den Prüfstand zu stellen.

Es ist nicht darüber zu urteilen und auch nicht weiter von Interesse, inwieweit sich Reflexion nur als Modewort etabliert oder sich im Führungs- und Organisationskontext »wirklich« in der genannten Qualität verankert hat. Mit einem gewissen Unbehagen ist jedoch festzustellen, dass noch nie so viel von Reflexion die Rede war – und zugleich die alten Managementmuster stabiler denn je erscheinen.

» Die Hunde der Reflexion bellen, und die Karawane der Manager zieht weiter.

Günther Ortmann

Man hat es offensichtlich mit der x-ten Variation des Umsetzungsproblems bei vorhandener Erkenntnis zu tun. Bekanntermaßen unergiebig bei der Analyse des Auseinanderklaffens von Einsichten nach erfolgter Reflexion und dem tatsächlichen Umdenken ist zum einen die Suche nach den »Schuldigen«, seien es »die da oben im Elfenbeinturm« oder »die da unten, die sich nicht bewegen«. Zum zweiten das Entlarven von Scheinheiligkeiten, denn diese sind manchmal ein notwendiges Spiel auf der Vorderbühne, um »den Laden« auf der Hinterbühne am Laufen zu halten.

Nils Brunsson, ein schwedischer Kollege von Ortmann, hat dazu ausgiebig geforscht. Und schließlich dürfte klar sein, dass in Zeiten voller Ungewissheit die Hoffnung auf die richtigen Methoden, mit denen man die Dinge in den Griff bekommen kann, reichlich naiv ist. Zu diesen mitunter hochgradig paradoxen Facetten der organisationalen Dynamik haben wir uns im Verlauf dieses Buchs immer wieder auseinandergesetzt. Bleiben wir daher bei der Reflexion und nehmen als Ausgangspunkt deren Zielrichtung unter die Lupe.

Gehen wir davon aus, dass Reflexion im Organisationsgeschehen weder Selbstzweck noch ziellose Selbstvergewisserung sein sollte. Vielmehr kann sie als vorbereitender Schritt für die Begründung von neuen, besseren oder nach kritischer Überprüfung bestätigten (Führungs-)Entscheidungen und Handlungen angesehen werden. **In diesem Sinne zahlt Reflexion ganz grundsätzlich auf die Begründbarkeit von Handlungen ein. Sie sichert Rationalität.** Und genau an diesem Punkt lohnt es sich, das Verständnis von Rationalität erneut genauer unter die Lupe zu nehmen (vgl. Experimentierfeld 4).

Wir muten Ihnen jetzt eine längere Strecke zu, aber Rationalität wird vor allem im betriebswirtschaftlichen Kontext oft als zweckrationale Kategorie betrachtet. Wir beziehen uns hier auf den Philosophen **Jürgen Habermas**. Er zählt unter den »Supertheoretikern« als Gegenpart zu dem von uns oft zitierten Niklas Luhmann, wobei sich die beiden beim Rationalitätsthema einiger waren als bei anderen. Habermas spricht im wirtschaftlichen Kontext von **kognitiv-instrumenteller Rationalität**. Es geht um den Anspruch der Wahrheit beziehungsweise Wirksamkeit.

Ausgeblendet wird all das, was sich nicht als Zusammenhang von Ursache und Wirkung beschreiben und mathematisch berechnen lässt.

Demzufolge konzentriert man sich nur auf Fragestellungen, die in einem technisch-instrumentellen Sinne bearbeitet werden können. Eine Reflexion jenseits des Zweckrationalen findet nicht statt. Doch es gibt noch andere Rationalitäten. Habermas hat in seinem schwer verdaulichen Werk der »Theorie des kommunikativen Handelns« vorgeschlagen, nicht nur kognitiv-instrumentelle, sondern auch **moralisch-praktische und ästhetisch-expressive Formen der Rationalität** einzubeziehen. So wird der Begriff in eine Richtung entwickelt, die in der modernen Tradition – und insbesondere in der Welt der Wirtschaft – erst gar nicht mit dem Prädikat »rational« versehen wird. Man würde gar von Irrationalität sprechen.

WAS BEDEUTEN DIESE ANDEREN FORMEN DER RATIONALITÄT?

Moralisch-praktisch bezieht sich auf den Anspruch der normativen Richtigkeit, **ästhetisch-expressiv** auf den der subjektiven Wahrhaftigkeit. Unter der normativen Richtigkeit kann man sich schnell etwas vorstellen: Es geht um moralische Wertvorstellungen, die in einem anspruchsvollen Diskurs reflektiert werden.

Man stelle sich etwa einen Prozess zur Entwicklung einer Vision, von Führungsgrundsätzen oder Prinzipien zur Zusammenarbeit mit Lieferanten aus nichtdemokratischen Ländern vor.

Die Form der ästhetisch-expressiven Rationalität stellt wiederum eine sehr ungewohnte und schwer zu fassende Kategorie dar. Ästhetik meint weit mehr, als dies die alltagssprachlichen Bedeutungen »schön« oder »ansprechend« vermitteln.

Grundlegend ist die Einsicht, dass Ästhetik im Unterschied zum begrifflichen Erkennen ein sinnliches Erkennen darstellt – und zwar von Wahrnehmungen jeglicher Art, nicht nur im Sinne der erwähnten umgangssprachlichen Konnotationen.

Die Möglichkeit eines ästhetischen Urteils ist gegeben, wenn die ästhetischen Erfahrungen einer Person nachvollzogen werden können. In diesem Sinne geht es um ein Eindenken und Einfühlen. Ästhetische Eindrücke sind nicht inhaltlich kommunizierbar, sondern nur durch den empathischen Nachvollzug ihrer Entstehung im Dialog erfahrbar und dann möglicherweise besprechbar.

↳ Ästhetische Rationalität kommt vor allem ins Spiel, wenn innovative und somit »erstmalige« Bedürfnisse artikuliert werden, die mit den Mitteln der bisherigen Deutungsmuster gar nicht erfasst werden können. Ästhetik ist das »Andere der Vernunft«.

Sie bezieht sich oft auf das Neue und kann somit nicht vor dem Hintergrund fester Grundsätze kritisiert werden. Diese Form der Rationalität ist, entgegen jeder Vermutung, in Organisationen von größter Bedeutung. **So sind die meisten Produkte mit wirklichem Neuigkeitswert gerade nicht aus den typischen Innovationsprozessen entstanden.** Vielmehr kam es auf Gespür, Vorahnung und Intuition an, und somit auf etwas, was sich nicht vollständig in Sprache fassen und zweckrational begründen lässt.

Das wusste schon schon Joseph Schumpeter vor weit über hundert Jahren: »Solche Männer (und natürlich auch Frauen) schaffen, weil sie nicht anders können ...«

Vermutlich liegt der Kern des Unternehmerischen viel mehr im Bereich einer ästhetischen als in einer Zweckrationalität.

Nun ließe sich einwenden, dass in Organisationen sehr wohl ständig von Moral, Werten, Normen und auch von unternehmerischer Intuition die Rede ist. Es wird viel von Wahrnehmung und Resonanz gesprochen, und auch die Diskussion über Emotionen im Arbeitskontext wird längst nicht mehr als unsachliche Sozialromantik gebrandmarkt. Das mag so sein, aber die Frage ist eine andere: Auf was kommt es im Zweifel an? Welche Begründung zählt? Wann soll etwas als rational gelten? Und selbst wenn Moral und Ästhetik in der Argumentation eine Rolle spielen, werden sie für das Zweckrationale instrumentalisiert – das ist der Normalfall. Einfach übersetzt bedeutet das:

Werte werden hochgehalten, solange damit zu rechnen ist, dass es sich rechnet.

Wenn das nicht mehr der Fall ist, schlägt die Greenwashing-Falle zu. Und »unvernünftige« Intuitionen werden toleriert, solange das nächste Tor im Stage-Gate-Prozess durchlaufen werden kann.

Und bisweilen sogar als Intrapreneurship gefeiert.

Nichts ist für immer: Der Charme der Gelegenheitsvernunft.

Wenn von Rationalität gesprochen wird, hat man üblicherweise Maßstäbe im Kopf, die sehr grundsätzlich und allgemeingültig sind. Entscheidungen gelten als vernünftig, wenn sie theoretisch fundiert sind, sich auf bewährtes Wissen stützen und mit einer langjährigen empirischen Erfahrung im Einklang stehen. Wer rational handelt, hat alles bedacht und kann sich für eine richtige, begründbare Handlung entscheiden. Man kann hier von einer prinzipiellen Rationalität sprechen. Der Soziologe und Philosoph **Helmut F. Spinner** erweitert dieses traditionelle Verständnis und bringt die sogenannte okkasionelle Rationalität ins Spiel. Mit ihr ist gemeint, dass es durchaus vernünftig sein kann, sich auf narratives Wissen zu verlassen, auf intuitiv gewonnene Erkenntnisse oder auf »ästhetische Stimmigkeit«. Diese Theorie erinnert etwas an die des »Muddling Through«, erstmals von **Charles E. Lindblom** Ende der 1950er-Jahre dargestellt.

Dieses Fundstück verdanken wir den (immer wieder) begeistert gelesenen Werken des Münchner Management-vordenkers Werner Kirsch.

Vermutlich »wursteln« wir uns ständig irgendwie durch!

Es wird anerkannt, dass es so etwas wie eine »Rationalität im Augenblick« gibt.

In der Praxis könnte dies bedeuten, dass keine starren, impliziten oder expliziten Prinzipien zur Aufgabenerfüllung vorgesehen sind, wie etwa präzise Ablaufpläne oder detaillierte Stellenbeschreibungen, die Ausdruck einer Fremdorganisation sind und die Entwicklungsfähigkeit behindern.

Okkasionell rational bedeutet somit auch einen Verzicht auf detaillierte Vorgaben und den Mut zu Prozessen, die die Selbstorganisationsfähigkeit von Individuen nutzen und die sich mitunter nur situativ und fallweise kognitiv-instrumentell rational begründen lassen.

Wenn Change-Initiativen unter der Prämisse laufen würden, dass sich Organisationen nicht nach den Regeln einer prinzipiellen Vernunft verändern lassen, sollte eine Orientierung an dem erfolgen, was vor dem spezifischen kulturellen Hintergrund, der jeweiligen Systemlogik, als »vernünftig« erscheint. Prinzipielle Rationalität bemisst sich nach allgemeinen, abstrakten, personen- und situationsunabhängigen Maßstäben.

Okkasionelle Rationalität ist eine Gelegenheitsvernunft, die sich nach der »Logik der Lage« richtet und sich fallweise erst herausbildet. Sie erscheint für die Thematisierung des Wandels von Organisationen besonders fruchtbar.

Es ist unmittelbar einsichtig, dass sowohl prinzipielle als auch okkasionelle Rationalitäten von Bedeutung sind und beide Formen verknüpft werden müssen. Genau das hat Helmut F. Spinner mit seiner **»Theorie der Doppelvernunft«** im Sinn. Und wir sehen sofort die Verbindung zu den oben angesprochenen Formen einer moralischen und ästhetischen Rationalität: Erst eine normungebundene, situative Vernunft ebnet den Weg zur Berücksichtigung von Kontexten, die möglicherweise »nur« narrativ oder moralisch beziehungsweise ästhetisch begründet werden können.

Was bedeutet das für die Führungspraxis? – Ein Plädoyer für mehr individuelle Rationalität

Man stelle sich etwa das typische Ritual einer Mitarbeitendenbefragung vor. Meist kommt hier eine klassische Fragebogenerhebung nach bewährten psychologischen und statistischen Standards zum Einsatz. Das Verfahren ist seit Jahrzehnten erprobt, alle Unternehmen haben damit Erfahrungen gesammelt. Das entsprechende Know-how gilt als breit abgesichert. Führung hat sich gemäß der verwendeten Unterscheidungen entschieden: Man handelt zweckrational und nach prinzipiellen Vernunftmaßstäben.

Wie wäre es, wenn diese Befragung durch etwas anderes ergänzt oder gar ersetzt werden würde – beispielsweise durch narrative Interviews? Als Führungskraft würde man sich von dem Gedanken verabschieden, dass nur eine großzahlige Erhebung hilfreiche (oftmals ist von »evidenzbasiert« die Rede) Ergebnisse liefern könnte. Stattdessen begründet man seine Führungsentscheidungen (auch) auf Geschichten einzelner Menschen, die einen subjektiven Blick auf das Ganze haben. (In der Realität macht man das als Führungskraft ja sowieso). Diese Narrationen sind vielfältig, beinhalten moralische Urteile ebenso wie intuitive Einschätzungen. Kurzum: Sie würden andere Formen der Rationalitäten transportieren (moralisch, ästhetisch) und wären nur für einen bestimmten Kontext oder Zeitraum vernünftig (okkasionell).

Strapazierfähigkeit gelingt, wenn Führung einen breiten Rationalitätsbegriff akzeptiert und insbesondere die gängige Verengung auf Zweckrationalität vermeidet.

Üblicherweise beschränkt sich Reflexion im Führungs- und Organisationskontext auf zweckrationale Kategorien mit dem Anspruch auf eine unumstößliche, dauerhaft gültige und durch Zahlen begründbare Rationalität. Es lohnt sich, diese Verengung zu überwinden und andere Rationalitäten jenseits der instrumentellen, zeitlosen Vernunft zuzulassen – mitunter sogar gleichberechtigt.

	PRINZIPIELLE RATIONALITÄT »Zeitlose Führungsvernunft«	**OKKASIONELLE RATIONALITÄT** »Führungsvernunft im Augenblick«
ZWECK-RATIONALITÄT (kognitiv-instrumentell)	Das eindeutig richtige Mittel für einen unumstrittenen Zweck	Die pragmatisch-situative Zweckerfüllung
NORMATIVE BEGRÜNDUNG (moralisch-praktisch)	Der moralische Allzeitkompass	Das normativ Richtige im Moment
SINNLICHE WAHRNEHMUNG (ästhetisch-expressiv)	Das dauerhaft Stimmige	Die spontane Intuition für das Neue

Alte Schule

Fundgrube für
Strapazierfähigkeit

Wir hoffen, Sie verzeihen uns diesen philosophischen Höhenflug auf den letzten Seiten. Aber wir sind davon überzeugt, dass genau die andere Seite der Rationalitätsmedaille wertvolle Impulse für die Arbeit an der Strapazierfähigkeit liefern kann.

Was wäre, wenn …

… Führung mit einer neuen Führungsvernunft experimentieren würde? Mit der bekannten rationalen Vernunft hat es schließlich nur sehr selten funktioniert.

… Führung viel öfter als Agentin der »Vernunft im Augenblick« agieren würde?

… Führung häufiger den Mut hätte, einen Unternehmenswert über Bord zu werfen, weil ein anderer gerade wichtiger ist?

… Führung immer wieder darauf bestehen würde, einen Business Case auch dann zu testen, wenn er auf einer Intuition beruhen würde?

Rationalitäten-Challenge

ELIMINIEREN

Welche naiven und vermeintlich universell gültigen Rationalitätsmaßstäbe werfen wir konsequent über Bord?

STÄRKEN

In welchen Krisensituationen haben wir uns auf eine »Klugheit im Augenblick« verlassen – und wie können wir diese Art der Rationalität kultivieren?

REDUZIEREN

An welchen Stellen rücken wir unseren moralischen Alltagskompass zugunsten eines höheren Ziels in den Hintergrund?

KREIEREN

Wie verankern wir eine pragmatisch-situative Erfüllung unseres Unternehmenszwecks in der Strategie?

DAS ENDE VOM ANFANG: IMMUN GEGEN DIE IMMUNREAKTION

Wenn Sie bis zum Schluss dieses Buches durchgehalten und wir Glück haben, dann teilen Sie mit uns die Einschätzung, dass die Strapazierfähigkeit von Organisationen von herausragender Bedeutung ist. Vielleicht haben Sie Lust auf Experimente bekommen und bereits einige Dinge im Kopf, die Sie in und mit Ihrer Organisation ausprobieren möchten. Möglicherweise sind Sie durch einige Gedankenanstöße in Ihrer ohnehin schon vorhandenen Experimentierfreudigkeit bestärkt worden. Selbstvergewisserung ist schließlich auch ein wohltuender Nebeneffekt einer Lektüre. Wie auch immer: Nehmen wir einfach an, Sie gehen am nächsten Tag voller Energie und Tatendrang in Ihre Organisation und wollen loslegen.

Das hoffen wir doch!

Es ist für einen Buchabschluss dramaturgisch nicht die beste Idee, aber lassen Sie uns antizipieren, welche Reaktionen Sie erwarten werden. Vordergründig wird es für Ihre Experimentieridee sicher Applaus geben, schließlich sind Sie klug genug, eine anschlussfähige Argumentation zu wählen. Sie werden also ermuntert werden, vielleicht sichert Ihnen eine Person aus dem Topmanagement sogar bedingungslose Unterstützung zu. Schließlich steht in Ihrem Leitbild, dass Ihre Organisation die Veränderungszeichen der Zeit erkannt hat und neue Wege gehen möchte. Zudem werden alle Kolleginnen und Kollegen die einschlägigen Feedback-Schulungen besucht haben und Sätze sagen wie: »Das finde ich spannend. Sehr gut, dass du die Initiative übernimmst. Halt mich auf dem Laufenden!«

Wir wenden das gleich noch ins Positive, keine Sorge.

Wenn Sie in Aktion treten und beispielsweise das Weglassen bestimmter Routinen nicht nur fordern, sondern sie auch tatsächlich selbstbewusst weglassen, wird die Organisation reagieren. Diese Reaktion spüren Sie nicht abstrakt, sondern anhand von Rückmeldungen bestimmter Funktions- und Rollenträger, die nicht als Individuen die ewiggestrigen Verhinderer, sondern Erfüllungsgehilfen der Organisationslogik sind.
Kurzum: Sie werden auf jeden Fall Gegenwind erhalten. Und je massiver Sie mit Ihrem Experiment das klassische Organisationsprinzip attackieren, desto stürmischer wird es für Sie werden. Der Grund ist klar:

Sie provozieren durch Experimente immer eine organisationale Immunreaktion. Die Organisation wehrt sich nach Kräften, schließlich möchte sie so bleiben, wie sie ist.

Es ist wichtig, dass Sie diese Reaktion vorwegnehmen und »einpreisen«. Stellen Sie sich eine Ski-Abfahrtsläuferin vor, die kurz vor dem Start hochkonzentriert und gedankenverloren die gesamte Fahrt in ihrem Kopf simuliert – jedes Tor, jede eisige Passage, jeden Sprung, jede Kompression. Dabei geht es nicht darum, dass Sie aus einem Experiment ein Projekt nach alter Meilensteinlogik machen, um es beherrschbar zu machen. Das wird Ihnen nicht gelingen.

Es geht darum, dass Sie sich gegen die erwartbare Immunabwehr der Organisation immunisieren.

Experimente werden Sie Kraft kosten. Deshalb sollten Sie sich überlegen, an welchen Stellen und wie oft Sie die Immunreaktion hervorrufen. Ein Musterbrecher aus unserem Netzwerk, Christoph Kraller, der ehemalige Geschäftsleiter der Südostbayernbahn, hatte dafür eine passende Empfehlung: **»Überlege dir, wann der Pokal groß genug ist, um in den Kampf zu ziehen.«** Wenn die Pokalgröße für Sie attraktiv genug ist, geht es nur mit der Haltung eines »trotzigen Trotzdem«. Es wäre für den Moment sicherlich leichter, sich aus allem herauszuhalten. Aber Sie haben ja die Bedeutung der Strapazierfähigkeit erkannt – und werden mutig experimentieren. Das wird nicht nur Ihrer Organisation helfen. **Vor allem wird es auch Sie deutlich mehr erfüllen, als Kermit mit viel Spaß und echtem Impact durch die Welt zu ziehen – anstatt sich zu den Herren Waldorf und Statler auf den Kritikerbalkon zu stellen.**

LITERATUR

Baecker, D. (1999): *Organisation als System*. Frankfurt am Main: Suhrkamp

Baecker, D. (2003): *Organisation und Management*. Frankfurt am Main: Suhrkamp

Brockmann, D. (2021): *Im Wald vor lauter Bäumen. Unsere komplexe Welt besser verstehen*. München: dtv

Burla, S./Alioth, A./Frei, F./Müller, W. R. (1995): *Die Erfindung von Führung. Vom Mythos der Machbarkeit in der Führungsausbildung*. Zürich: vdf

Drucker, P. F. (2014): *The Effective Executive. Effektivität und Handlungsfähigkeit in der Führungsrolle gewinnen*. München: Vahlen

Drucker, P. F. (2006): *The Practice of Management*. New York: Harper Collins

Duhigg, C. (2016): »What Google Learned From Its Quest to Build the Perfect Team. New research reveals surprising truths about why some work groups thrive and others falter.« *The New York Times*, 25.02.2016

Edmondson, A. C. (2020): *Die angstfreie Organisation. Wie Sie psychologische Sicherheit am Arbeitsplatz für mehr Entwicklung, Lernen und Innovation schaffen*. München: Vahlen

Fath, B. D./Fiscus, D.A./Goerner, S.J./Berea, A./Ulanowicz, R.E. (2019): »Measuring regenerative economics: 10 principles and measures undergirding systemic economic health.« *Global Transitions*, Vol. 1, S. 15–27

Gentinetta, K. (2022): »Wie sollten wir unseren Wohlstand messen?« Interview im *Handelsblatt*-Podcast »Orange« vom 28.10.2022

Gigerenzer, G. (2013): *Risiko – Wie man die richtigen Entscheidungen trifft*. München: Pantheon

Gigerenzer, G. (2018): »Rationales Entscheiden unter Ungewissheit ≠ Rationales Entscheiden unter Risiko.« In: Fleischer, B./Lauterbach, R./Pawlik, K. (Hrsg.): *Rationale Entscheidungen unter Unsicherheit*. Berlin: de Gruyter, S. 1–4

Graeber, D. (2019): *Bullshit Jobs. Vom wahren Sinn der Arbeit*. Stuttgart: Klett-Cotta

Habermas, J. (1997): *Theorie des kommunikativen Handelns*. Band 1 *(Handlungsrationalität und gesellschaftliche Rationalisierung)* sowie Band 2 *(Zur Kritik der funktionalistischen Vernunft)*. Frankfurt am Main: Suhrkamp

Hermann, U. (2018): *Kein Kapitalismus ist auch keine Lösung. Die Krise der heutigen Ökonomie oder Was wir von Smith, Marx und Keynes lernen können*. München: Piper

Herzog, L. (2020): *Die Erfindung des Marktes. Smith, Hegel und die politische Philosophie*. Darmstadt: wbg Academic

Hüther, G. (2009): *Bedienungsanleitung für ein menschliches Gehirn*. Göttingen: Vandenhoeck & Ruprecht

Kaduk, S./Osmetz, D./Rödel, S. (2021): *Sprechblasen der Organisationskultur. Ein Glossar. Business-Begriffe bewusst benutzen*. Weinheim: Beltz

Kaduk, S./Osmetz, D., mit H.A. Wüthrich und D. Hammer (2020): *Musterbrecher. Die Kunst, das Spiel zu drehen*. Überarbeitete Neuausgabe. Hamburg: Murmann Publishers

Kahnemann, D. (2012): *Schnelles Denken, langsames Denken*. München: Penguin

Kieser, A. (2001): »Organisationstheorien sind Sprachspiele.« In: Bardmann, T.M./Groth, T. (Hrsg.): *Zirkuläre Positionen 3*. Wiesbaden: VS Verlag für Sozialwissenschaften, S. 99–117

Kirsch, W. (1997): *Kommunikatives Handeln, Autopoiese, Rationalität, Kritische Aneignungen im Hinblick auf eine evolutionäre Organisationstheorie*. München: Barbara Kirsch

Knight, F. H. (1921): *Risk, Uncertainty, and Profit*. Boston: Houghton Mifflin

Kühl, S. (2020): *Organisationen. Eine sehr kurze Einführung*. Wiesbaden: Springer

Levitt, T. (1975): »Marketing Myopia.« *Harvard Business Review*, September/Oktober 1975 (Reprint), S. 2–14

Lietaer, B./Ulanowicz, R. E./Goerner, S. J. (2008): *Wege zur Bewältigung systemischer Bankenkrisen*. Studie für die World Academy of Arts and Sciences (WAAS), Hyderabad, Indien

Lietaer, B. (2009): »Erhöhte Unfallgefahr.« *brand eins*, 01/2009, S. 154–161

Lietaer, B. (2023): *SHIFT. Drei Paradigmenwechsel, die wir vollziehen müssen, um zukunftsfähig zu werden.* Saarbrücken: Neue Erde

Lohmann, D. (2012): *... Und mittags geh ich heim. Die völlig andere Art, ein Unternehmen zum Erfolg zu führen.* Wien: Linde

Lotto, B. (2018): *Anders sehen. Die verblüffende Wissenschaft der Wahrnehmung.* München: Goldmann

Luhmann, N. (2000): *Organisation und Entscheidung.* Opladen/Wiesbaden: Westdeutscher Verlag

March, J. G. (1976): »The Technology of Foolishness.« In: March, J. G./Olsen, P. (Hrsg.): *Ambiguity and Choice in Organizations.* Oslo: Universitetsforlaget

March, J. G./Simon, H. A. (1976): *Entscheidung und Organisation. Kritische und konstruktive Beiträge, Entwicklungen und Perspektiven.* Wiesbaden: Gabler

March, J. G. (Hrsg.) (1990): Entscheidung und Organisation. Wiesbaden: Gabler

March, J. G. (2001): »Wenn Organisationen wirklich intelligent werden wollen, müssen sie lernen, sich Torheit zu leisten!« In: Bardmann, T. M./Groth, T. (Hrsg.): *Zirkuläre Positionen 3.* Wiesbaden: VS Verlag für Sozialwissenschaften, S. 21–33

Merton, R. (1936): »The Unanticipated Consequences of Purposive Social Action.« *American Sociological Review,* Vol. 1, No. 6, S. 894–904

Matthiesen, K./Muster, J./Laudenbach, P. (2022): *Die Humanisierung der Organisation. Wie man dem Menschen gerecht wird, indem man den Großteil seines Wesens ignoriert.* München: Vahlen

Oesterreich, B./Schröder, C. (2019): *Agile Organisationsentwicklung. Handbuch zum Aufbau anpassungsfähiger Organisationen.* München: Vahlen

Ortmann, G. (2001): »Organisation – ein Handlungsfeld mit Eigensinn.« In: Bardmann, T. M./Groth, T. (Hrsg.): *Zirkuläre Positionen 3.* Wiesbaden: VS Verlag für Sozialwissenschaften, S. 73–90

Ortmann, G. (2008): *Organisation und Welterschließung. Dekonstruktionen.* Wiesbaden: VS Verlag für Sozialwissenschaften

Pahl, H./Sparsam, J. (2013): *Wirtschaftswissenschaft als Oikodizee? Diskussionen im Anschluss an Joseph Vogls Gespenst des Kapitals.* Wiesbaden: Springer

Parkinson, C. N. (1968): *Parkinsons Gesetz und andere Untersuchungen über die Verwaltung.* Hamburg: Rowohlt

Pörksen, U. (2011): *Plastikwörter – Die Sprache einer internationalen Diktatur.* Stuttgart: Klett-Cotta

Shapin, S./Schaffer, S. (2011): *Leviathan and the Air-Pump. Hobbes, Boyle, and the Experimental Life.* Princeton: Princeton University Press

Simon, F. B. (2007): *Einführung in die systemische Organisationstheorie.* Heidelberg: Carl-Auer

Spencer-Brown, G. (2004): *Laws of Form – Gesetze der Form.* Leipzig: Bohmeier

Taleb, N. N. (2013): *Antifragilität. Anleitung für eine Welt, die wir nicht verstehen.* München: Albrecht Knaus

Taylor, F. W. (2004): *Die Grundzüge wissenschaftlicher Betriebsführung.* Reprint. Düsseldorf: VDM

Ulanowicz, R. E./Goerner, S./Lietaer, B./Gomez, R. (2009): »Quantifying sustainability: Resilience, efficiency and the return of information theory.« *Ecological Complexity,* Vol. 6, Issue 1, S. 27–36

Vogl, J. (2010): *Das Gespenst des Kapitals.* Zürich: diaphanes

Weick, K. E. (1995): *Der Prozeß des Organisierens.* Berlin: Suhrkamp

Weick, K. E. (2001): »Drop your Tools.« In: Bardmann, T.M./Groth, T. (Hrsg.): *Zirkuläre Positionen 3.* Wiesbaden: VS Verlag für Sozialwissenschaften, S. 123–138

Welzer, H. (2021): *Nachruf auf mich selbst. Die Kultur des Aufhörens.* Frankfurt am Main: S. Fischer

Wohland, G./Wiemeyer, M. (2012): *Denkwerkzeuge der Höchstleister. Warum dynamikrobuste Unternehmen Marktdruck erzeugen.* Lüneburg: UNIBUCH

Wüthrich, H. A./Osmetz, D./Kaduk, S. (2009): *Musterbrecher. Führung neu leben.* Wiesbaden: Springer Gabler

Druckprodukt mit finanziellem
Klimabeitrag
ClimatePartner.com/12752-1803-1001

Zum Ausgleich für die entstandene CO_2-Emission bei der Produktion dieses Buches unterstützen wir die Bereitstellung von effizienten Kochöfen in Sambia. Die verbesserten Kochöfen verbrauchen zwei Drittel weniger Brennmaterial und verringern so nicht nur den CO_2-Ausstoß, sondern auch die Rodung der lokalen Wälder. Durch die bessere Luftqualität in den Räumen werden Atemwegserkrankungen verringert, und Familien können Zeit und Geld sparen, da weniger Brennmaterial benötigt wird.

Bibliografische Information der Deutschen Nationalbibliothek
Die Deutsche Nationalbibliothek verzeichnet diese Publikation in der Deutschen Nationalbibliografie; detaillierte bibliografische Daten sind im Internet über http://dnb.de abrufbar.

Illustrationen: Dirk Osmetz und Judith Hilgenstöhler
Druck und Bindung: Print Best, Viljandi

ISBN 978-3-86774-771-4

Besuchen Sie uns im Internet: www.murmann-publishers.de
Ihre Meinung zu diesem Buch interessiert uns!
Zuschriften bitte an info@murmann-publishers.de
Den Newsletter des Murmann Verlages können Sie anfordern unter newsletter@murmann-publishers.de